植物培植与生长环境

梁继华 何 锋 李 博 主编

吉林科学技术出版社

图书在版编目（CIP）数据

植物培植与生长环境 / 梁继华，何锋，李博主编
. -- 长春：吉林科学技术出版社，2020.10
ISBN 978-7-5578-7630-2

Ⅰ.①植… Ⅱ.①梁… ②何… ③李… Ⅲ.①植物生长 Ⅳ.①Q945.3

中国版本图书馆CIP数据核字（2020）第193643号

植物培植与生长环境

主　　编	梁继华　何　锋　李　博
出 版 人	宛　霞
责任编辑	隋云平
封面设计	李　宝
制　　版	宝莲洪图
幅面尺寸	185mm×260mm
开　　本	16
字　　数	220千字
印　　张	10.25
版　　次	2020年10月第1版
印　　次	2020年10月第1次印刷
出　　版	吉林科学技术出版社
发　　行	吉林科学技术出版社
地　　址	长春净月高新区福祉大路5788号出版大厦A座
邮　　编	130118
发行部电话/传真	0431—81629529　81629530　81629531
	81629532　81629533　81629534
储运部电话	0431—86059116
编辑部电话	0431—81629520
印　　刷	北京宝莲鸿图科技有限公司
书　　号	ISBN 978-7-5578-7630-2
定　　价	55.00元

版权所有　翻印必究　举报电话：0431—81629508

前　言

环境决定着植物的生长，环境指的是植物生长的区域内所有因素对植物的影响，例如，微生物、温度、湿度等，浅谈植物生长与环境的关系和影响。生物很多的生长化学反应都要有水的参与，而水如果不够，植物就会枯萎，加快衰老的进程。植物对水的利用可以说非常多样，很多植物是通过吸收地下水或者雨水，还有一些植物会收集气态水，例如，雾气等。水对植物的影响也有三种不同的方式：状态（气态、液态）、数量（雨林区、干旱区）、持续时间，这三个要素塑造了植物对水的需求和生长状态，总之，环境是植物生存要素的总和。我们通过对环境的分析，可以科学地分析出植物生长的要素且更清楚地了解植物的生长过程。这些综合因素共同影响着植物的生长发育。

植物生长环境信息采集是精细农业、高效园艺的基本环节，实现植物生长环境数据的采集，对生长环境中出现的异常情况进行自动监测，对农业生产管理具有重要保障作用。植物生长环境信息的光照度、空气温湿度和土壤含水率是影响植物的生长过程的关键因素。传统植物生长环境信息采集通常由生产者携带各种仪表进行现场测量和记录，存在效率低、数据量少等缺点，不能适应现代大规模种植的场合。本书采用微控制器、多种传感器和无线传输技术设计植物生长环境信息采集模块，该模块可以布置在生产环境中的不同地点，进行多地点长时间采集，在需要获取数据信息时，可借助无人机飞行到采集模块附近接收数据，为后续精细农业数据分析提供支持。

植物生长环境信息采集模块可用于大面积作物种植场合光照度、温湿度和土壤含水率数据的获取，采用太阳能电池和蓄电池供电、无线传输技术，可以克服采用有限供电、传输数据的缺点，提高了可靠性，远程多地点布置时能显著降低成本，为进一步实现精细农业所需的远程监控系统奠定基础。

目 录

第一章 植物生长与环境 /01
第一节 植物生长与环境的关系 /01
第二节 植物昼夜节律研究进展 /03
第三节 园林植物生长的生物环境调控 /06
第四节 植物对环境的适应和环境资源的利用 /09
第五节 微重力环境影响植物生长发育 /13
第六节 园林植物生长的水分环境调控 /18
第七节 环境影响下植物根系的生长分布 /21
第八节 环境胁迫与植物抗氰呼吸探究 /27
第九节 植物生长和生理生态特点在海拔梯度上的表现 /29

第二章 环境对植物生长的影响 /32
第一节 纳米材料对植物生长发育的影响 /32
第二节 夜景照明对植物生长的影响 /34
第三节 环境对园林植物生长发育的影响 /38
第四节 气候因素对野生植物生长的影响 /41
第五节 城区土壤环境对园林植物生长影响 /44

第三章 资源监测的基本理论 /48
第一节 水文水资源监测现状及解决对策 /48
第二节 基于 3S 技术的森林资源监测 /52
第三节 遥感技术促进水资源监测 /55
第四节 新形势下关于自然资源监测 /58

第五节　国家级公益林资源监测评价 /60

第六节　数字化水文水资源监测模式 /62

第七节　多通道卫星频率资源监测系统研究设计 /66

第四章　资源监测的实践应用研究 /70

第一节　人工智能在草地资源监测中应用 /70

第二节　水文水资源监测方面 GPS 技术的应用 /74

第三节　森林资源动态监测技术的应用 /77

第四节　水文水资源监测数据管理平台研究与应用 /80

第五节　物联网技术在水资源监测中的应用 /82

第六节　测绘技术在土地资源调查和监测中的应用 /85

第七节　森林资源监测中地理信息系统的应用 /88

第五章　林业勘察理论研究 /90

第一节　新形势下林业勘察设计理念的优化 /90

第二节　新形势下林业勘察设计 /92

第三节　新形势下林业勘察设计要点 /94

第四节　新形势下林业勘察设计理念的转变 /95

第六章　自然资源监测基本理论 /99

第一节　我国自然资源、自然资源资产监测发展现状及问题 /99

第二节　地理国情监测服务于自然资源主体业务 /105

第三节　基于三调成果的自然资源宏观监测思路 /109

第四节　自然资源动态监视监测管理的几点构想 /112

第五节　WebGIS 的国家公园自然资源监测系统构建 /115

第七章　自然资源调查监测研究 /118

第一节　对自然资源调查与监测的辨析和认识 /118

第二节　全力履行自然资源调查监测新使命 /126

第三节　以自然资源统一调查监测促进生态文明建设 /128

第四节　3S 技术的自然资源一体化监测调查体系 /130

第五节　地理空间大数据服务自然资源调查监测的方向分析 /133

第六节　高分遥感在自然资源调查中的应用 /139

第七节　土地资源调查与监测中测绘技术的运用研究 /145

第八节　无人机遥感技术在林业资源调查与监测中的应用 /147

参考文献 /154

第一章 植物生长与环境

第一节 植物生长与环境的关系

环境决定着植物的生长，环境指的是植物生长的区域内所有因素对植物的影响，例如，微生物、温度、湿度等，本节主要探讨植物生长与环境的关系和影响。

古人对一颗种子长成参天大树，对植物生长的过程，会产生一些神奇的幻想。在很多因素的共同作用下一粒种子能长成参天大树，例如，土壤、微生物、光照、其他动植物的等影响因素，这些因素的影响保证了植物的增长。这些因素如何发挥各自的功能呢？它们之间又有哪些相互的影响呢？

一、植物生长需要的土壤环境

（1）土壤可以说是植物生长的"电热宝"，植物的生长需要一个适当的温度区间，有合适的温度种子才可以生长发芽，所以说温度对植物生长有非常重要的作用。土壤是如何做到温度的动态平衡呢？白天日光照射到土壤上，土壤会吸收热量，热量会从浅层的土壤逐渐向深层土壤传递热量，热量就被深层土壤锁在土地中。夜晚天气变冷，热量就由深层土壤向表层土壤传递，保证了浅层土壤的温度。

（2）对植物生长或生理代谢有直接作用，缺乏一定的矿物元素时植物不能正常生长发育，其生理功能不可用其他元素代替的矿物质元素有氮、磷、钾、钙、镁、硫、铁等，还有来源于空气中二氧化碳中的碳和氧及来源于水中的氧和氢。在适量钾的存在下，植物酶才能充分发挥作用，它促进形成碳水化合物；钙是构成细胞壁的重要元素之一，是质膜的重要组成成分，可促进氮的吸收，与氮的代谢有关；微量元素铁是形成叶绿素所必需的，缺铁叶子将黄白化；植物缺少硼元素，将会出现华而不实。植物生长中有很多矿物质元素起到非常重要的作用，缺乏任何一种矿物质元素，植物都不能正常生长。

二、光是植物进行光合作用的能量来源

太阳光是地球上所有生物的最终能量来源，生命所消耗的所有能量都来自太阳光辐射能量。光是植物生长不可以缺少的要素，可以说光是绿色植物最重要的生存因素。绿色植

物通过光合作用将光能转化为化学能，为地球上的生物提供生命活动所需的能量。影响光合作用的主要因素是光质（光谱成分）、光照强度和光照时间长短。光是植物进行光合作用的能量来源。光合作用过程主要依靠叶肉细胞中的叶绿体完成。阳生植物是处于强光环境中生长健壮，在隐蔽和低光照条件下培育生长缓慢的植物。在弱光条件下，阴生植物生长良好，但这并不意味着它对光照没有要求，光线太弱时，它也不能正常生长。在同一个植物生长发育的不同阶段对光的要求也不同，例如松树对光强的要求为全日照70%以上，像罗汉松、山楂等树木光度为全日照的5%~20%。

三、温度与植物的生长发育

温度和光都是植物生长的核心要素。从全球的地理线路可以看到，不同的经纬度就会有不同的气象条件，不同的气象条件就会有当地不同的温度环境，全球经纬度的不同，自然环境的差异也是巨大的，所以不同的温度有不同的植物带。植物生长的温度，我们对此有三点不同的分类：（1）最适的温度：植物生长最舒适的温度；（2）最低温度；（3）最高温度。温度只有在最低温度和最高温度之间，植物才可以生长。

树木的种子进行生长需要酶的催化作用，而酶的活化需要一定的温度条件，一般的植物种子只有在0℃~5℃才开始萌动，在这个标准以上，温度越高，发芽率越高，生长越快。大概最适宜生长的温度在25℃~30℃之间。植物所能承受的最高温度大致在35℃~45℃，超过这个温度，植物就会死亡。

植物的生长在一定的温度范围内进行，植物生长对温度有不同的要求。一般在0℃到35℃温度范围内，温度升高，生长加快，生长季节延长；温度下降，增长减缓，生长季节缩短。原因是在一定的温度范围内，温度细胞膜透性程度增加，植物生长所需的二氧化碳、盐吸收增加，而光合作用增加，蒸腾增加，则酶活性增加。加速推进细胞的延伸和分裂，加快植物生长速度。

四、水分与植物的生长发育

水是生命之源，有收无收在于水，水也是生物体内重要的组成部分之一。水约占人体组成的70%，植物身体内水分的含量为50%。

生物很多的生长化学反应都要有水的参与，而水如果不够，植物就会枯萎，加快衰老的进程。植物对水的利用可以说非常多样，很多植物是通过吸收地下水或者雨水，还有一些植物会收集气态水，例如，雾气等。水对植物的影响也有三种不同的方式：状态（气态、液态）、数量（雨林区、干旱区）、持续时间，这三个要素去塑造植物对水的需求和生长状态。水可以说对植物的生长有非常大的影响，通过水的影响，植物才可以正常地开花结果。

总之，环境是植物生存要素的总和。我们通过对环境的分析，可以科学地分析出植物生长的要素和更清楚地了解植物的生长过程。这些综合因素共同影响着植物的生长发育。

第二节　植物昼夜节律研究进展

　　地球自转引起的昼夜循环导致了环境每日的重复波动。生物随着环境的明暗交替和温度变化进化出内源性的、近日性的节律变化，这种机制称为昼夜节律（Circadian rhythm）或生物钟（Biological clock）。没有外部信号的情况下近日性表现为24 h的周期性振荡。研究表明，在连续光照（或黑暗）和恒定温度条件下近日性节律的维持是由内源性生物过程驱动的。例如，人体生理和机理的变化受到内源性节律振荡的广泛调控。在时差影响下，昼夜节律振荡器变化强烈，具体表现在内部振荡器时间的预测与外部环境的冲突和相互协调。几乎所有的有机体，从单细胞的蓝藻到复杂的哺乳动物，都具有一套预知环境变化的生物节律系统。生物的内源生物节律控制着机体的行为、生理活动，使之更好地适应环境。时间生物学（Chronobiology）研究内源生物钟的分子机制、外界环境对生物钟的驯化或牵引（Entrainment）、生物钟对机体行为、生理活动的调节等时间依赖的生物学过程。近年来，植物昼夜节律调控的分子机制成为研究的热点和难点。环境中的信号如温度和光照被核心振荡器所整合，对多种生理过程进行协调。光照和温度这些外界信号通过影响生物钟的速度，并作用于振荡器中不同的核心分子来导引时钟，之后时钟会以相应的节律进行节律性输出，从而协调多种生理途径，包括光周期开花、激素信号传导、生长、代谢以及生物和非生物胁迫的响应。

一、植物生物钟

（一）植物生物钟核心元件间的交互调节

　　传统观点认为昼夜节律系统是一种线性路径，但越来越多的证据表明它是一个高度复杂的调控网络。植物、动物、昆虫和真菌等生物的生物钟调控系统通常是基于转录和翻译的反馈环路（Transcriptional/Translational Feedback Loops，TTFLs）。植物生物钟系统的研究主要是在模式生物拟南芥（Arabidopsis thaliana）中进行的。植物的昼夜节律主要包含三个特征：①植物的昼夜节律是在没有外界环境刺激下由生物钟基因和蛋白协同控制下完成近日24 h的节律性振荡；②植物生物钟系统必须与环境保持同步，植物的生长发育阶段需要与环境相匹配，这种过程称为生物钟驯化（entrainment）；③植物细胞的生物钟与植物的昼夜节律相偶联，植物细胞的时钟基因能够调控植物的昼夜节律的输出。

　　植物昼夜节律调控网络主要由输入途径（input pathway）、核心振荡器（core oscillator）和输出途径（output pathways）三部分组成。模式生物拟南芥的生物钟的核心振荡器由CCA1（CIRCADIAN CLOCK-ASSOCIATED 1）、LHY（LATE ELONGATED HYPOCOTYL）、TOC1（TIMING OF CAB EXPRESSION 1）以及其他元件构成了复杂的

交互反馈的调控网络。振荡器的核心由两个 MYB 转录因子，CCA1/LHY 和 TOC1 组成。通过对拟南芥昼夜节律的研究表明，振荡器核心基因在每个节律周期中不同的时刻表达，表现出时空的差异。如 CCA1 的表达峰值出现在黎明时刻，而 LUX ARRHYTHMO（LUX）的表达峰值在黎明后的 12 h。植物昼夜节律振荡器除转录—翻译反馈环路之外，还存在一些转录后调控机制来确保振荡器的精确运行，如乙酰化、磷酸化等。

（二）生物节律的驯化（Entrainment）

众所周知，植物生物钟并不是完全精确的 24 h，因此，植物需要通过驯化途径来与外界环境保持同步。例如，外界环境中的红光和蓝光能够给植物光感受器提供强烈的信号重设生物钟，这就对植物生物钟起到了同步的作用。光敏色素 A（PhyA）能在低强度的红光下调节生物钟，光敏色素 B（PhyB）则能在高强度的红光下起作用。隐花色素 1（Cry1）能够在低强度和高强度的蓝光下调节生物钟。已有的研究表明，温度的改变也能够影响植物的昼夜节律振荡器，然而，温度对植物生物钟的调控我们知之甚少。

（三）生物钟在植物生物学中的重要性

高等植物的生物钟能够调控多种代谢通路。研究表明，植物生物钟控制光合作用活性、叶片的气体交换、细胞生长、激素应答、营养吸收和基因表达的日常变化，生物钟几乎影响植物新陈代谢的方方面面。植物内源性的生物振荡周期必须与外界生长环境达到最合适的匹配程度，生物钟的准确预测功能对植物细胞的生长和发育有着非常重要的影响。植物昼夜节律经历多种不同的生活环境而独立的演变出来，这为植物适应环境提供了优势。

（四）植物昼夜节律的研究

如上所述，植物昼夜节律的特征之一就是在没有外界环境信号的情况下，处于自我维持的节律状态，因此，研究昼夜节律的方法是在恒定的条件（恒温、恒定光照或黑暗）下来监测植物节律调节的生理或生化情况。在恒定的条件下，生物钟能够"自由运行"，实验条件被称为"自由运行条件（free running）"。例如，为研究植物光合作用的昼夜节律，实验中将植物放置于正常光暗循环中培养一段时间，然后测量 CO_2 含量的变化情况。

植物昼夜节律能够被量化的特征，可以作为昼夜节律的指标加以研究。常见昼夜节律的研究方法就是测量植物组织样品中节律基因 mRNA 的表达变化。一般用定量 RT-PCR 技术来测量节律基因的转录产物的合成量，以此来研究植物的昼夜节律。类似地，收集组织样品也能够检测昼夜节律的变化，比如蛋白质数量、酶的活性或者代谢物的浓度。植物昼夜节律的实验通常需要在相当长的时间内在固定时刻进行重复测量。

植物叶片节律性运动是生物钟调控下的外在表现形式，在一定程度上可以反映植物的昼夜节律，因此，叶片运动分析（The plant leaf movement analyzer，PALMA）也是研究拟南芥昼夜节律的常用方法。自动化相机的使用能够直接且无害的监测拟南芥幼苗的节律性生长。通过连续不断的拍照，相机能够捕捉到拟南芥幼苗叶片相对位置的改变，然后用专业软件分析能够得出拟南芥幼苗叶片的节律性运动。

昼夜节律的研究也可以借助于生物发光成像。这种成像既能够测量整个植物荧光素酶的发光情况，又能够测量单一组织类型的昼夜节律，甚至有可能在含荧光素基因叶片的单细胞中通过制作显微图层来测量昼夜节律。在模拟生物拟南芥中，荧光素报告基因已经成为一种革命性的手段来研究植物生物钟基因。将荧光素基因与昼夜节律关键基因的启动子连接起来，构建荧光报告基因，实验中可以用灵敏的摄像系统检测植物发出微弱的荧光，从而将复杂的植物昼夜节律的分子生物学实验转变成简单的光学实验。

（五）生物钟与植物代谢

植物昼夜节律振荡器控制各种生理过程，包括叶绿素的生物合成、光合作用电子的传递、淀粉的合成与降解、氮硫同化作用等过程。例如叶绿素生物合成的峰值出现在黑夜的尽头，预示着其参与光合作用过程的启动。昼夜节律突变体的研究揭示了昼夜节律振荡器与新陈代谢之间的联系。在 prr9/7/5 三突变体中柠檬酸循环的中间产物如苹果酸、富马酸等的浓度明显高于野生型，可能预示了振荡器和植物光能利用率之间的相关性。由于白天的光合作用为植物夜间的生长提供呼吸和能量，可以推测淀粉的降解速率受到振荡器的调控。在生物钟基因 CCA1 和 LHY 的突变体（cca1/lhy）中淀粉的降解速率要比野生型的要快 35%，因此，生物钟对于代谢的调控意义重大。

（六）昼夜节律提供时间信息控制光周期开花

植物的昼夜节律系统能够预测外界环境（如温度和光照）的变化从而给植物提供时间信息来控制植物的光周期依赖的开花途径。研究表明，许多植物利用光周期的变化来控制开花的时节。例如小麦（Triticum aestivum）的开花是在白昼变长的晚春时节，而水稻（Oryza sativa）则是在白天变短的夏末开花。光周期敏感植物可以分为长日照植物和短日照植物。长日照植物通过短时间的曝光也能开花，短日照开花植物则不受夜间中断的影响。植物开花是一个受到严格调控的分子机制，许多不同途径包括光周期途径诱导的植物开花，最终会影响开花基因 FLOWERING LOCUS T（FT）的表达从而决定了开花的时间，其中，FT 的表达受到 CONSTANS（CO）蛋白的激活。研究表明，CO 的表达具有节律性，黎明后的 12 h 表达达到峰值。然而，在黑暗的条件下 CO 蛋白是不稳定的，很容易被 E3 泛素连接酶标记后被降解，因此，在短日照条件下，CO 的 mRNA 表达水平峰值出现在夜间造成蛋白的不累积从而不会引起 FT 的诱导表达；而在长日照条件下，CO 的表达水平峰值出现后 CO 蛋白得到累积，随后稳定的 CO 蛋白能够诱导 FT 的表达从而影响开花。

（七）昼夜门控

昼夜节律门控通道是时间生物学研究中的一个重要特征。昼夜门控调控是生物钟信号通路中的外在反应过程。从本质上讲门控通道在时钟信号通路中起着阀门的作用。生物钟自身控制着植物对外界环境信号的反应，例如驯化信号（如光照）的出现使昼夜节律生物钟的相位改变到黎明。植物昼夜节律门控通道使植物对光信号更加敏感,白天植物对光线水平识别的灵敏度给植物带来更强的优势。

二、总结和展望

植物昼夜节律生物学近年来取得了非凡的进展。昼夜节律调控的分子机制有助于植物对环境做出反映。植物生物节律是一个复杂的调控网络,通过各种时控基因相互作用来控制着植物的各种新陈代谢活动,因此从任何一个单独的时控元件去研究整体的植物生物钟系统是非常困难的。目前流行的做法是利用数学建模的方法来研究植物的昼夜节律,调控网络,这样有助于对昼夜节律网络变化的特征进行解析。此外,昼夜节律生物学研究中尚存在着许多未解难题,其中一些需要技术创新来解决。这些开放性的问题包括以下几点:昼夜节律振荡器在每种类型的植物细胞和器官中是否存在着专一性,这些振荡器是否通过信息进行交流?植物昼夜节律门控的分子基础是什么?昼夜节律调控对作物生长的贡献体现在哪里,如何利用生物钟节律规律增加作物产量?如何在植物中通过昼夜节律调控稳定生态系统?植物昼夜节律振荡器是如何进化的?

随着植物生物钟在代谢、生理、进化等方面的进一步研究,以及昼夜节律对生物过程协调作用的深入了解,将昼夜节律的规律运用于农业性状的优化,具有重要的科学意义和应用价值。

第三节 园林植物生长的生物环境调控

生物因子是园林植物生长发育中非常重要的生态因子。随着全球经济一体化,有害生物都是通过有意或无意的渠道而被引入世界各国,对许多国家的生态、环境、经济等方面造成了巨大的危害。据初步统计,目前中国遭280余种外来生物入侵,每年损失2 000亿元。借助一些人为措施来调控园林植物生长的生物环境为园林生产服务,是园林生产刻不容缓的重要课题。

一、有害生物的调控

(一)加强动植物检疫,防治外来生物入侵

为防止动物传染病、寄生虫病和植物危险性病、虫、杂草以及其他有害生物传入、传出国境,保护农、林、牧、渔业生产和人体健康,促进对外经济贸易的发展,应依据有关法规,应用现代科学技术,对进出境的动植物、动植物产品和其他检疫物,装载动植物、动植物产品和其他检疫物的装载容器、包装物,以及来自动植物疫区的运输工具,采取一系列旨在预防危险性生物传播蔓延和建群危害的措施及行政管理的综合管理体系。加强动植物检疫是一项根本性的预防措施，是控制园林植物有害生物的主要措施。

（二）农业措施

（1）选用抗病虫品种。在园林有害生物控制中，培育和应用抗性品种是一项安全、经济、有效的防治措施，为园林植物后期养护带减少大量工作和环境污染。目前园林植物丰富的种植资源为培养园林观赏植物抗病品种提供了有利条件，抗性强金叶女贞、芙蓉花、香石竹、月季、伏加草等新品种已培养成功。如抗病金叶女贞具有极强的抗褐斑病特性，抗病虫芙蓉花具有抗蚜虫、夜蛾的特性等，这些抗病虫害新品种的成功培养和应用，对于园林植物病虫害的预防和控制起着重要作用。

（2）合理布局。园林植物的选择应根据当地环境条件，因地制宜选择各种适和生长的植物类型，以乡土植物为主，根据各种植物之间相互关系合理进行搭配，以乔木、灌木、地被树木相结合的群落生态种植模式，来表现景观效果，强调群落的结构、功能与生态学特性相互结合，以营造合理的、健康的园林植物群落。同时要注意避免混植有共同病虫害或病虫害转主寄主植物，人为地造成某些病虫害的发生和流行。如黑松、油松、马尾松等混植将导致日本松干蚧的严重发生；桧柏是海棠锈病的转主寄主，桧柏与海棠混植将导致海棠锈病的严重发生等。

（3）适时栽植。园林植物栽植要遵循其生长发育的规律，提供相应的栽植条件（如土质疏松肥沃、通透性好），应根据各种树木的不同生长特性和栽植地区的气候条件，适时栽植，促进根系的再生和生理代谢功能的恢复，协调树体地上部和地下部的生长发育矛盾。一般落叶树种多在秋季落叶后或在春季萌芽开始前进行栽植；而常绿树种栽植，一般在南部冬暖地区多进行秋季生长缓慢时栽植或于新梢停止生长期进行，在冬季严寒地区以春季新梢萌芽前栽植为主。目前随着社会的发展和科学技术的应用，园林植物的栽植突破了时间的限制，"反季节""全天候"栽植已经十分普遍，遵循树木栽植的原理，采取妥善、恰当的保护措施，以消除不利因素的影响，进而提高栽植成活率。

（4）加强管理。冬季或早春，结合修剪，剪去部分有虫枝，集中处理，是减少病虫害源的重要措施；加强对园林植物的日常管理，合理疏枝，改善通风、透光条件，可减少园林植物病虫害的发生；尤其是温室栽培植物，要经常通风透气，降低湿度，以减少花卉灰霉病等的发生和发展。

（5）合理施用有机肥料与化学肥料。施用充分腐熟的有机肥，合理灌溉，掌握正确的浇水方法、浇水量及时间，都会影响病虫害的发生。如氮、磷、钾大量元素和微量元素配合施用，平衡施肥，可使园林植物健康茁壮生长，避免偏施氮肥，造成花木的徒长，降低其抗病虫性和观赏价值。喷灌方式会加重叶部病害的发生，最好采用沟灌、滴灌或沿盆钵边缘浇水。浇水要适量，避免水分过多引起植物根部缺氧而导致植物生长不良，甚至根部腐烂，尤其是肉质根等器官。浇水时间最好选择晴天的上午，以便及时降低叶片表面的湿度。

(三)生物防治

(1)天敌昆虫。利用天敌昆虫来防治害虫,天敌昆虫主要有捕食性天敌昆虫和寄生性天敌昆虫两大类,其中捕食性天敌昆虫主要通过捕食害虫达到防治的目的,这类生物有丽蚜小蜂、七星瓢虫、异色瓢虫、大红瓢虫、螳螂、花角蚜小蜂、松毛虫赤眼蜂、草蛉、蜘蛛、捕食螨、蛙、蟾蜍及多种益鸟等动物。捕食性天敌昆虫在自然界中抑制害虫的作用和效果十分明显,如七星瓢虫、小红瓢虫和异色瓢虫对蚜虫和介壳虫的捕食。寄生性天敌昆虫主要有寄生蜂和寄生蝇,最常见有赤眼蜂、寄生蝇防治松毛虫等多种害虫,凡被寄生的卵、幼虫或蛹,均不能完成发育而死亡。肿腿蜂防治天牛,花角蚜小蜂防治松突圆蚧。

(2)病原微生物。病原微生物主要通过引起害虫致病达到防治的目的。可引起昆虫致病的病原微生物主要有细菌、真菌、病毒、立克次氏体、线虫等。目前生产上应用较多的是病原真菌、病原细菌和病原病毒三类,常用的真菌杀虫剂有蚜霉菌、白僵菌、绿僵菌、拟青霉、座壳孢菌、轮枝菌等,可用来防治玉米螟、松毛虫、大豆食心虫、多种金龟子、水稻叶蝉、飞虱、桑天牛蚜虫、茶毛虫、舞毒蛾、根结线虫、蓟马、白粉虱等多种害虫;苏芸金杆菌是最常用的细菌制剂,是应用最广的生物农药,已广泛地应用于防治松毛虫、菜青虫、苹果巢蛾、毒蛾、玉米螟等害虫;而核多角体病毒群可用来防治多种害虫。

(3)生化农药。生化农药指那些经人工合成或从自然界的生物源中分离或派生出来的化合物,如昆虫信息素、昆虫蜕皮激素及保幼激素、昆虫生长调节剂等能用来防治害虫。主要来自昆虫体内分泌的激素,如昆虫的性外激素、昆虫的脱皮激素及保幼激素等内激素。目前国外已有100多种昆虫激素商品用于害虫的预测、预报及防治工作,中国已有近30种性激素用于梨小食心虫、白杨透翅蛾等昆虫的诱捕、迷向及引诱绝育法的防治。昆虫生长调节剂在中国应用较广的有灭幼脲Ⅰ号、Ⅱ号、Ⅲ号等,对多种园林植物害虫如鳞翅目幼虫、鞘翅目叶甲类幼虫等具有很好的防治效果。

(4)物理机械防治。物理机械防治指用简单的工具以及物理因素(如光、温度、热能、放射能等)来防治园林有害生物或改变物理环境,使其不利于有害生物生存、阻碍入侵的方法。常用的物理机械防治方法如人工捕杀、诱杀法、阻隔法及热水浸种、烈日暴晒、红外线辐射、土壤处理等,其措施简单实用,容易操作,见效快,可以作为危害虫大发生时的一种应急措施,特别对于一些化学农药难以解决的害虫或发生范围小时,往往是一种有效的防治手段。

(5)化学防治。化学防治指用农药来防治有害生物的一种防治方法。农药是指用于预防、消灭或者控制危害农业、林业的病、虫、草和其他有害生物以及有目的地调解植物、昆虫生长的化学合成或者来源于生物、其他天然物质的一种物质或者几种物质的混合物及其制剂。化学防治是园林有害生物控制的主要措施,具有收效快、防治效果好、使用方法简单、受季节限制较小、适合于大面积使用等优点。目前，人工合成的化学农药约500余种，已广泛应用于各种有害生物的防治，但农药的广泛使用，会造成土壤、水体和空气环境的污染，增强有害生物的抗药性，杀伤有害生物的天敌，危害人畜安全，形成恶性循环，甚至破坏生态平衡。

二、园林植物群落种间关系调控

（1）合理配置。园林植物配置要遵循植物生长的自身规律及对环境条件的要求，因地制宜、合理科学配置，使各类植物喜阳耐阴，喜湿耐旱，以乡土植物造景为主，同时重视优良品种的引种驯化工作，充分利用空间，注重乔木、灌木、花卉、地被植物、攀缘植物等合理搭配，重视生物多样性和群落的稳定性，充分发挥其园林生态功能和观赏特性。

（2）生物调控。植物个体有自己一套完美的调节机制，生物调控是指通过良种选育、杂交育种，应用遗传与基因工程技术，创造出转化效率高、能适应外界环境的优良物种，从而达到对资源的充分利用。该调控主要表现在选育新品种，增强适应性上。如中国利用丰富的种质资源通过多种手段培育出的优良园艺新品种，其观赏性和生产能力提高，同时其适应性和抗逆性均大大提高。

（3）环境调控。园林植物环境调控指的是为了促进园林植物的生长采取的各种改良环境条件的措施，该调控主要表现在改善环境条件，促进园林植物的生长上。如平整土地、浇水、排水、施肥、中耕松土等进行小气候和水分调控的各种措施。

第四节 植物对环境的适应和环境资源的利用

环境对植物的生长有至关重要的作用，随着工业和其他行业的不断发展，废弃物产生量显著增加，引发一系列环境问题。目前，环境污染、人口膨胀以及资源短缺问题使得环境压力增大。对于植物来说，要想维持正常生长，就必须吸取充足的养分。生长环境决定了植物的生长趋势，不同地区的植物对环境的适应强度不同，一个地区的环境可以通过植物的生长反映出来，所以，环境对植物的影响是非常大的。本节就植物与环境的相互适应过程展开讨论，通过分析两者的相互作用，提出提高环境资源利用率的有效措施。

现阶段，我国的植物覆盖率比较高，其可以有效净化空气，提高人们的生活质量，但是，植物的生长需要充足的养分，随着植物种类的增多，其对环境的要求也越来越高。植物对环境的适应体现在植物生理对环境的适应以及外观形态对环境的适应。植物与环境相互影响，一个地区的环境条件能够影响植物的生长，而一个地区植物的形态特征又能间接反映当地的环境问题。研究植物对环境的适应需从植物的个体生理特征进行分析，利用植物改善环境质量，加强两者的相互作用关系，从而提高环境资源利用率。

一、认识环境对植物生长的影响

（一）分析环境对植物的作用效果

植物的外界环境主要有三种：第一种就是物理环境，它是指影响植物生长发育的各种物理条件，如阳光、空气、温度和水分等因素；第二种环境就是生物环境，包括植物的病虫害，植物之间为争夺阳光、空气和水等资源而进行的斗争；第三种环境是化学环境，化学环境可以理解为外加的环境，比如为植物施肥或者创造适宜其生长的环境等。对于农业来说，自然环境对于粮食增产有很大的影响，洪涝、旱灾都会影响植物正常生长，给农业造成很大的损失，农业想要实现更好更快地发展，就必须克服外界环境的消极影响。环境对植物的作用会影响整个农业的发展，所以研究植物对环境的适应对于提高农业收入、保证农民的正常生活水平有非常重要的作用。

（二）分析宇宙环境对植物生长的影响

随着我国生产力的不断提高，植物栽培技术也得到了提高，我国大力发展转基因植物、多倍体植物，提高食品的品质。宇宙环境也是影响植物生长发育的重要因素，由于宇宙的重力与地球有较大的差异，植物在栽植过程中需要克服的关键问题就是重力问题，所以，研究植物与环境的相互作用，能够提高植物的生长速度，其对于植物品种研究也有重要作用。

（三）分析植物对环境做出反应的过程

植物从感受环境刺激到做出反应需要一定时间，时间的长短取决于植物受刺激的强度以及植物自身的生理特征。植物身体各个部位都能对环境做出反应，比如植物的根部在受到环境影响后，其他部位也会对环境做出反应。这就说明，外界刺激对于植物的影响不仅造成植物某个器官的反应，还会影响植物的整个生理过程，而这个过程就是植物的信息传递的过程。在信息传递过程中，根据外界刺激的强度，植物做出的反应也不同。探究信息在植物体内的传递范围和方式，人们可以发现，它有两种传递方式，一种是信息在植物细胞内的传递，一种是细胞间信息的传递。植物对外界环境做出刺激的过程也就是植物信息传递的过程。

二、认识植物对环境的感知过程

不同植物对环境的需求不同。植物通过自身的器官或者生理反应来感知环境，而环境也有一定的强度，比如，阳光照射植物，只有达到一定的光照值，植物才能开花结果。还有外界的病原体对植物的作用，在不同的环境下，植物的生理现象也不同。

（一）分析植物的向地性生长

植物的根具有向地性。这是重力引起的，提出这个研究的生物学家是达尔文，他认为植物根部的一些营养物质受重力影响导致根向地生长，因为植物的根部有一个重力的感受器，能够感知植物的重力，进而引起植物生理变化。该猜想经后来研究逐渐得以证实。除了根的向地性，植物还有向阳性，原因是在阳光作用下，植物体内的生长素分布不均匀，其扩散速度也不同。例如，向日葵总是向阳生长，这是由于光作用引起其生长素分布不均匀，从而导致形态特征发生变化。

（二）分析植物对外界病原体和其他病菌的感知过程

目前，植物对环境的适应研究主要停留在分子水平上。病原体侵入植物体内，会影响植物的生理作用，导致其叶子出现斑块等。生物环境对植物造成的影响是直接的，还会遗传给其下一代，影响整个植物的生长发育。植物对环境因子的感知是通过植物体内一些特定的器官或者外观结构进行的，不同植物对环境的感知强度不同。通过研究植物与环境的关系，人们能够发现植物与其他生物的共存特征，这对于探究植物与微生物环境有重要作用。

三、植物对环境适应的具体体现

（一）植物对环境的适应主要通过两者的相互作用实现

环境可能有利于植物生长，也有可能影响植物生长。首先，就植物的渗透压进行阐述。植物的渗透压与外界环境有很大的关系，渗透压主要是通过植物体液浓度的变化而改变的，这与植物本身的生理特征有关，比如，植物体内的各种离子的含量不同，对于外界一些离子的吸收程度也不同，植物一旦吸收足够多的离子，就会将多余的离子排出体外，这是通过对环境的感知实现的。植物体内本身就有调节渗透压的机制，一些无机的离子通过生物膜的识别作用能够进入植物体内，维持植物的正常生长繁殖，这也促进了人们在生物膜技术上的研究，人们对生物膜的研究水平也不断进步，人工脂膜的出现就是最好的证明。另外，电学测定技术在研究离子的吸收过程中有重要作用。通过探究这些问题，人们能够研发一些控制离子通道的机械，进而提高我国的离子探究水平。人们能够提升对植物渗透压体系的研究水平，将一些离子从植物体的膜上分离出来。研究植物膜的性质，有助于扩大研究领域，上升到原子水平。

（二）探究植物对环境适应而体现的抗性

从抗冷性角度研究，一般情况下，植物体内的某些物质能够帮助其抵御寒冷，而抗冷性比较好的植物脂膜的不饱和度一般比较高，能够保留较多的能量，在低温的情况下，植物也能正常进行生理活动，且不受影响。利用这个特性，人们可以选择一些耐寒植物做绿化，提高其成活率，降低绿化成本，而植物的这种特性在遗传中也有体现，近年来，人们利用植物对环境的这种适应性发现了很多东西，在认识植物的组成上取得显著成果。仅仅从这个角度探究植物的抗逆性是远远不够的，人们还要根据具体环境进行分析，深入了解植物对环境适应的具体体现。

四、从植物对环境的适应中认识环境资源利用的有效途径

（一）植物对环境的利用可以体现在生态方面

在生态方面，植物对环境的利用包括对光照、水等自然资源的利用。在此研究基础上，通过改变植物的配置结构，人们可以提高植物对光能的利用效率。在农业生产中，提高植物对光能的利用率，有利于提高农作物生长速度，实现资源合理利用和农业增产，降低成本投入。水资源在植物生长中的利用，能够为植物的生长发育提供大量水分，有利于提高植物结合水的比重，进而提高植物新陈代谢速率。这对于研究植物的渗透压和体液有重要作用。部分科学家也重视热能对植物生长的影响，用逻辑思维判断植物生长过程中如何充分利用环境资源，根据不同的环境条件，利用不同的环境资源，提高生产效率，合理预测植物生长趋势，指导农业作业，制定科学的植物栽培计划。近年来，针对植物对环境的适应，有科学家提出了植物与环境相互作用的数学模型，旨在研究植物不同器官的功能，总结环境对植物的影响和植物对环境的反作用。

（二）植物对环境的适应和对环境资源的利用建立在生态的基础上

目前，环境资源的利用主要体现在农业生产和宇宙资源的开发上。在农业方面，人们要根据环境特征选择适合农作物生长的环境，为植物生长提供适宜的条件。在开发宇宙资源的过程中，人们要结合植物的具体生长习性选择不同的环境条件，提高植物对环境的适应性，可以采用工程技术在宇宙建立空间站，营造一个稳定的生态系统，要考虑到植物的重力因素，同时还要考虑到重力对其生理的影响，特别是在代谢方面的影响。

（三）植物对环境的适应在遗传上也有重要体现

植物对环境的适应也体现在遗传方面，比如，旱生植物的生长过程缺乏水，但是它们能够利用空气中的其他物质合成自己生命活动所需要的营养物质，如二氧化碳等，通过光合作用固定碳元素。在自然界中，还有一些植物固碳的方式与旱生植物不同，其合成的碳元素形式是三碳化合物，但是，在环境改变时，旱生植物也能合成三碳化合物，其间需要适当的诱导。环境因素对植物的影响是非常大的，部分是因为遗传物质的改变，部分是因为外界环境的诱导。比如，在逆境可以诱导蛋白物质，使其基因以另一种形式表现出来，在低温条件下，其会生成一些分子量比较小的蛋白。另外，一些光线的影响也会导致植物变异，比如，紫外线照射能够产生紫外蛋白。这些研究有助于提高我国植物遗传技术水平，人们可以通过调节外界环境，改变植物的遗传因素，使其表现出多种生理特性。

受遗传因素影响，不同植物在不同环境表现的生理特征不同，但又不是决定性的。随着外界环境的改变，植物的遗传物质也可能发生变化，植物与环境是相互影响，植物通过

自身特定的感受器官能够感受外界环境的刺激，并做出相应的反应，而植物也能吸收环境中的一些有害物质，改善空气质量。在研究植物对环境的适应性时，人们要从环境对植物的影响和植物对环境的适应两个方面进行，探究两者的相互作用，从而提高环境资源的利用率，因此，人们要充分利用光能、水能、热能和其他能源，提高植物生长速度，促进农业生产，为农业带来更高的经济收益。同时，人们还要在遗传学的基础上加深研究。

第五节　微重力环境影响植物生长发育

　　微重力是最独特的空间环境条件之一，研究微重力对不同植物种类以及不同植物部位的影响是空间生物学的重要内容之一，对于建立生物再生式生命保障系统意义重大。生物再生式生命保障系统是未来开展长期载人空间活动的核心技术，其优势在于能在一个密闭的系统内持续再生氧气，水和食物等高等动物生活必需品，植物部件是生物再生式生命保障系统的重要组成部分。了解和掌握微重力对植物生长发育的影响，有助于采取有效的作业制度确保其正常生长发育和繁殖，是成功建立生物再生式生命保障系统的首要关键。本节就植物在空间探索中的地位和作用，地面模拟微重力的装置以及国内外有关微重力对植物的影响做一综述。现有的研究结果包括，未来长期的载人航天任务需要植物通过光合作用为生物再生式生命保障系统提供部分动物营养、洁净水以及清除系统中的固体废物和二氧化碳；三维随机回旋装置是目前地面上模拟微重力效应的主要装置之一，尤其适用于植物材料的长期模拟微重力处理；国内外有关微重力对植物影响的报道生理生化水平多集中在植物的生长发育和生理反应，比如表型变化或者与重力相关的激素或者钙离子的再分配，细胞或亚细胞水平主要有细胞壁、线粒体、叶绿体以及细胞骨架等，基因和蛋白质表达水平的研究对象主要为拟南芥。由于实验方法和材料之间的差异，微重力对不同植物或者植物不同部位在各个水平的影响效果并不一致，未来需要开展更多的相关研究工作。

　　在我国，天宫一号已成功发射，这应该只是个预演，随着世界各国对太空资源的开发利用程度越来越深，未来我国要发展自己的、长期的、有人值守的空间在轨装置。为此，必须建立稳定、可靠的生命保障系统用以确保一些长期的在轨实验顺利开展。当前开放式的生命保障系统主要基于物理—化学的方式，这种方法依靠存储和定期再供应生活物资，能实现一定程度上的再生，已可靠地为美国空间项目服务了很多年，但这种主要依靠发射运送生保系统的传统方法存在众所周知的缺点：比如搭载费用高，装运存在风险以及无法用无机物合成食物等问题，存在风险是因为物品在装载、发射对接以及运行等都在一定程度上存在失败的可能性；承载费用高也是一个弊端，根据目前的技术，搭载1kg重量的物资需要花费大概10 000美元的费用，这个费用会随着人类探索的扩展而进一步增加。

　　生物再生生命保障系统，也称为高级生命保障系统，或者控制生态生命保障系统，或者微生态生命保障系统，已提出并存在了几十年，是建立长期有人值守的空间站或者空间农场的基础。虽然生物再生式生命保障系统的引入增加了发射的成本,但从长远来看,能极大地减轻定期、重复供应生保物资的经济压力。对于一个有六个以上乘员、时间超过三年的飞行任务来讲(比如火星探测),这种能够再生的生命保障系统的优势非常突出。鉴于此,人类要把探索的脚步迈向更深的宇宙,发展生物再生式生命保障系统势在必行。

一个典型的 BLSS 循环需要植物发挥其独特的作用完成。高等植物是动物营养的主要生产者,糖类、脂类、蛋白质、膳食纤维和维生素等都可以通过光合作用合成,植物光合作用还可以固定环境中的高浓度 CO_2,释放 O_2,从而达到调节环境中 O_2 和 CO_2 浓度平衡的作用,同时光合作用的生物量供给高等动物生命活动必需营养元素,而高等动物的代谢废物又可以供养植物,因此实现植物、动物互惠互利;通过呼吸作用,可以从植物获取一定量的净化水供乘员使用。由此不难看出,BLSS 的优势在于它能在一个密闭的再生的系统内持续供给氧气、食物等高等动物必需品。一旦氧气、水以及食物等由于某种条件限制(比如距离)无法通过运输从地球上获得,只有生物再生式生保系统能将代谢废物转变为可供利用的生物量。在 IBMP RAS 和 IBP SB RAS 中进行的 BLSS 的实验表明 $10\ m^2$ 种植面积的植物一天可以产生 180~210g O_2,可以为六个乘员提供 5% 氧气,3.6% 的水以及超过 1% 的主食或者 20% 蔬菜。LSS 植物部件的引入,对于改善乘员的饮食,提高工作效能具有积极意义。除此之外,植物作为 BLSS 部件重要的优势还有种子体积小、易于携带、抗逆性以及生命力强等。植物的绿叶和鲜花还可以为密闭、狭小和嘈杂的空间在轨系统提供勃勃生机和活力,这对于舒缓乘员紧张压抑的心境,缓解肉体倦乏具有相当积极的作用。"和平"号空间站"Svet"温室就是具有这种功能的一个代表。

一、空间微重力环境及地面模拟实验

植物在地球上受到持续重力刺激,重力影响植物繁衍进化。关于重力对植物的影响已经研究了数个世纪,现已知重力作为一个物理因素影响植物器官的定向(向重力性)和植物发育(重力形态反应)。植物向重力性是指植物器官相对于重力所发生的弯曲反应,而植物重力形态反应是指重力对植物发育影响产生的效果。研究表明,植物器官相对于重力的不正确定位,引发植物形态发生某些变化。重力对植物垂直方向的影响知之甚少,因此植物重力形态反应的研究有必要包含对植物在重力和微重力条件下的表现进行比较。

地球上的物体受到的重力大概是 $9.8\ m\cdot s^{-2}$,定义为 1g。通常意义的微重力是指某处有效重力水平低于此重力,一般为 10^{-3}~$10^{-6}g$。这里需要区分几个概念:低重力是指重力小于 1 g 但大于 $10^{-3}g$;失重是指加到物体上的净重力相当于 0;0g 是指物体没有受到任何重力作用;超重力是指重力大于 1g。

任何空间微重力实验都需要大量的地面模拟准备实验作为基础,并且分析两者之间的关联以便于利用地面模拟实验弥补空间微重力实验条件相对不足并且造价昂贵的缺憾。创造微重力条件可以使用落塔、抛物线飞机、火箭或者在轨卫星,如飞船或者空间站等。这些方法所能达到的微重力水平和时间各不相同，但这些方法都在真正的实验室应用中受到了限制，因为能够提供的时间有限或者可以利用的机会很少，这些弊端在对植物的研究上表现得极其明显。

植物生理学家近一个世纪以来一直使用一种叫作"回旋仪"的装置模拟微重力，这实际上是在空间实验资源非常稀少的条件下一种迫不得已的措施，这一方法的前提假设是一定的旋转速度可以"迷惑"细胞对重力方向的感知，并且重力方向改变的速度快于细胞对重力方向感知的响应时间窗口，因此严格来讲，旋转培养器可以产生类似微重力的效应，但并不等价于微重力的作用机制。一般二维旋转培养器残留的离心力水平为 $10^{-3} \sim 10^{-2}$g，这种影响在研究植物对微重力响应所使用的较大尺寸旋转机构上会更大一些（因为旋转直径较大）。

为更加有效地模拟微重力效应，随着研究工作的进一步开展，回旋仪已经从最初的只沿着水平方向、以固定的速度旋转，发展为可以沿着水平和垂直两个方向、并在一定的速度范围内（0～2RPM）随机旋转，这种旋转可以是位于其上的植物不停改变对重力的方向，这样最大程度的抵消地球上的单侧重力效应（但实际上重力没有消失）。水平和垂直方向的转动分别由两个减速步进的马达驱动，照明装置固定于旋转轴的对面。这种旋转方向和速度都随时间随机改变的设备称为三维回旋装置。至于此上的材料所能感受的最大重力加速度可以低至 10^{-3}g。到目前为止，确实有部分空间实验结果与在地面使用旋转培养器得到的结果相似或者一致，但两者的机制却完全不同，尽管如此，使用旋转培养器用于微重力效应的模拟研究，仍是目前的地面微重力生物学研究的主要方法之一。

二、国内外研究微重力对植物影响的主要进展

越来越多的对生物复杂机制的研究表明，环境因素作为一种独特的、必需的调节信号，在影响植物发育的、异乎寻常复杂的基因调控网中的特殊作用。微重力是太空最重要也是最独特的环境条件之一，改变正常重力条件对植物而言意味着一种环境胁迫，研究真实以及模拟微重力对不同植物种类，不同植物部位的影响诸多已见文献报道，以短期或者模式植物拟南芥居多，研究方向集中在植物的生长发育和生理反应，比如表型变化或者与重力相关的激素或者钙离子的再分配。

（一）植物营养生长方面

（1）发芽和主根定位 三维回旋装置对很多植物物种发芽以及营养生长几乎没有影响，短期处理能保持正常，但影响形态发生以及生长定位，取决于胚的方位，长时间处理（5d以上）表现出生长延滞，休止直至死亡。植物根系具有向重力性，正常条件下垂直生长，但回旋处理影响了根的向重力性，表现为弯曲或盘旋生长，甚至表现负向地性，类似一个负向地性突变体。玉米的主根经三维回旋处理后不再垂直生长，而是表现一定程度的弯曲。空间飞行实验表明，真实微重力条件下，水稻根弯曲的表现和三维回旋处理一

致。微重力条件下主根弯曲可能与植物自身的一些特性相关，在正常重力条件下被修正。模拟微重力条件下主根生长与定位研究表明，在单侧重力刺激缺失的情况下，植物根尖可能会向各个方向发生弯曲，取决于种子中胚的方位。

（2）根系生长在过去的很多实验中观察了植物根系生长指数，然而结果通常是彼此矛盾的，这可能归因于植物种类，培养条件，处理时间以及苗龄。分析已有的研究结果发现，模拟微重力在处理 1~2d 之内对主根生长没有影响，几天后表现为刺激生长（时间根据品种有所不同），随后表现出轻微的抑制作用，因此可见，模拟微重力对主根生长的作用是微弱并且可以累积的。水稻根系在空间微重力条件下比地面对照显著增长，空间微重力刺激根系增长的程度随生长进行更加明显。甘蓝型油菜经回旋处理后其根系表现与此相似，经 5d 回旋处理后，主根变长变细。空间条件下生长的拟南芥根毛数量大增，推测可能与生长环境中乙烯的积累有关。模拟和真实微重力条件下，主根的顶端优势削弱，侧根加速生长，这可能是因为微重力改变了根系生长素之间的平衡。

（3）地上部分生长多种不同的植物材料经三维回旋模拟微重力处理后，其地上表型变化大致可以分为两种：一种在生长点位置呈现自发弯曲，胚芽鞘和上胚轴即属于此类；另一种是不发生弯曲，仍然直立生长，下胚轴属于此类。Claassen 和 Spooner 的研究表明在微重力条件，地上部分生长势下或高或低于正常重力条件。研究微重力对植物地上部分生长最著名的实验是在俄罗斯"礼炮"号 -6 和"礼炮"号 -7 航天飞机开展的。实验材料分别选取了拟南芥、水芹以及生菜，结果表明，相对于设于空间条件下的 1g 对照、0.01g 和 0.1g 微重力条件下，受试材料的下胚轴增长了 8%~16%。

比较微重力条件下植物地上和地下部分的生长情况发现，微重力对这两种器官的影响大致相似，表现为前 1~3d 内不产生明显效果，随后将近一周时间内起到促进作用，再以后则会对主根和茎的顶端优势起一定的抑制作用（Perbal，2006）。结合回旋仪实验结果发现，微重力对根系的影响比茎严重（Hoson et al.，2001）。

（4）激素水平生长素和脱落酸参与植物的向重力反应，因此很可能在微重力的影响下，植物体内其极性运输和分配会受到抑制，从而导致植物的生长和发育受阻，尤其是在生殖阶段。Aarrouf et al. 研究发现菜籽幼苗回旋处理 5、10 以及 25d 后，前两者相对应对照含量略高，但到 25d 后基本相同。结果说明，模拟微重力对激素的影响体现在植物生长的特定阶段。黄化豌豆幼苗上胚轴中生长素极性运输在三维回旋条件下没有太大改变，因此其自发形态发生与 1g 对照相同。由此，模拟微重力对植物激素的含量和发布的影响甚微，但是可以累积，作用于生长发育一段时间之后。

（二）细胞壁发育

微重力对植物细胞壁的影响体现在纤维素和木质素含量减少上。最近通过对拟南芥胚轴和水稻胚芽鞘的物理特性的研究发现，细胞壁的塑性不可逆增加，而 Hoson et al. 对空间飞行后的水稻根系材料的研究表明单位体积内纤维素和结构多糖的含量明显降低，但高相对分子质量多糖在半纤维素组分中所占比例明显上升，说明微重力降低细胞壁的厚度，导致空间条件下水稻根系伸长增加。细胞壁这些成分的变化将影响其机械性能，而这又有可能与微重力条件下高等植物根和茎的自发弯曲相关。通过对小麦的细胞壁分析显示，STS－51 上飞行 10d 对细胞壁生物聚合物的合成和纤维素微纤丝的沉积影响甚微。空间微重力条件对烟草 BY－2 细胞形状、微管和纤维素微纤丝的组织影响甚微。

（三）细胞和细胞亚结构

微重力环境影响细胞周期，细胞生长和细胞增殖这两个过程在地面环境下紧密关联，但实验表明空间微重力环境加速细胞增殖，与之相反的是细胞生长受到了阻滞，因此两者表现出了不同步性。微重力影响细胞骨架中碳水化合物和脂类代谢，改变钙离子信号参与的蛋白质表达。微重力对植物细胞的影响是改变了细胞间钙离子的浓度平衡，从而影响依赖钙离子的细胞骨架重组，导致植物对重力的反应发生改变。相对于 1g 的地面对照，无论空间真实微重力还是模拟微重力条件，植物样品单个细胞中细胞分化能力增强，并且伴随着核糖体生物合成减少。拟南芥幼苗经空间飞行 4d 后，其根尖分生区细胞中核糖体体积和活性均比地面对照有所降低。三维回旋仪处理拟南芥根尖后比较原质体定位，结果与真实微重力条件相同，细胞中超微结构也没有根本性的影响。通常情况下，边缘分生组织细胞内细胞器体积减小，线粒体浓缩，基质电子浓度升高，脊膨胀导致相对体积增加，但数量没有变化，而在核心分生组织，线粒体规模和超微结构与之相似。回旋处理 3、5、7d 后的水稻叶绿素含量高于对照，但叶绿素 a／b 值降低，处理 7d 后，叶绿素含量增加的速度放缓。在研究选择的梨、桃等木本植物中，模拟微重力对花粉的萌发数量、花粉管发育影响很小，但也有研究材料中显示核酸组成和精细胞迁移受到一定程度的阻碍，与品种有关系。Lepidium 根系淀粉粒的分布，经 RPM 模拟微重力和真正微重力条件下相同，但模拟微重力处理的淀粉粒体积增大，而一项利用野生型和淀粉粒合成突变体的研究表明，经空间搭载实验后，这两种材料中淀粉的含量均低于各自的对照。

（四）基因和蛋白表达

三维回旋处理对拟南芥蛋白质表达的影响甚少，并且影响是短暂的，因为结果表现 16 小时候回归到正常的表达模式。空间飞行 4d 的拟南芥二维蛋白电泳显示与地面对照表现出明显差异。国际空间站生长 23d 的矮生麦与同龄的地面对照比较基因表达没有明显改变，与之相反，fern Ceratopteris richardii 在空间微重力条件下基因表达发生明显变化的情况。Paul et al. 报道拟南芥经过空间飞行微重力处理后，182 个基因表达量高于地面对照 4 倍。拟南芥悬浮细胞系也表现出相同的反应，这些基因包括：氨基酸转运体、精氨酸脱羧酶、甘油二酯激酶、丝氨酸激酶、MAP 激酶、磷脂酰肌醇特异性磷脂酶、丙酮酸激酶、受体样激酶和一个 WRKY 型基因。这些研究结果可能预示着植物基因组对微重力处理的敏感程度依赖于基因组的大小。Hyuncheol et al. 利用 Microarrays 研究了三维回旋处理 6d

后拟南芥基因表达变化情况，这也是目前为止处理时间最长的报道。研究结果显示，约有500个基因的表达发生了明显变化，其中325个表达上调，177个表达下调。

三、微重力对植物影响的研究趋势

国内外研究微重力对植物影响的报道有的采用真实空间微重力条件，也有地面实验利用三维回旋模拟微重力，研究层次体现在生理水平，细胞或者亚细胞结构水平以及基因表达水平的，研究所涉及的植物材料有多种，但对于长期微重力条件下植物的表现研究很少。短期空间或者模拟实验（通常2~14d）在研究微重力效应对植物一些特定方面的影响已经非常有效，比如膜生理、胞间通讯、基因表达调控、酶活性、细胞再生和分化以及重力感应细胞的组织化等，但是，如果要了解植物细胞或者组织对微重力的适应能力，明确植物在空间环境的世代更替能力，长期实验（半个生长周期或者更多）是非常必需的，可以使研究者了解植物在这个条件下的反应如何以及采取何种有效方法保证植物很好的生长和发育。

近年来，利用不同的微重力模拟装置开展了大量的并且针对不同物种的研究工作，由于模拟微重力的方法、植物材料等之间的差异，目前关于微重力对植物影响的研究在各个水平上并无规律性的或者一致性的结论，并且大多数的研究者并没有将模拟微重力实验的结果与空间微重力条件下的实验结果进行比较，没有这样的直接比较，很难说清楚植物产生的反应是来自这种装置的模拟微重力效应还是模拟技术本身可能带来的副效用，因此，针对某一种模拟微重力装置是否有效不能定论，今后在开发新的模拟微重力装置方面的研究工作时应首先注重这方面的实验设计。

研究空间微重力条件下植物的反应机制有助于我们理解地球重力对植物生理过程、重力感应以及器官极性等方面的影响，目前此项研究工作仍然任重道远。随着分子生物学技术的发展，尤其是多种模式植物基因组测序工作的完成，利用遗传学和基因组学技术，从基因组水平或者蛋白质组水平研究植物重力学和空间生物学，将有助于从分子本质理解植物对空间条件的反应的机制，并且利用这种机制采取措施以使植物适应空间的条件，比如可以利用基因工程的方式改造或者调控植物对空间条件的反应，从而培养出适应空间环境的新品种。

第六节　园林植物生长的水分环境调控

水分条件对园林植物的生长发育影响很大，极端水环境对园林植物危害极大。借助一些人为措施来调控园林植物生长水环境为园林生产服务，是当今乃至今后相当长时间内园林生产刻不容缓的重要课题。

一、节水灌溉

（1）喷灌技术。喷灌是利用专门的设备将水加压，或利用水的自然落差将高位水通过压力管道输送到田间，在经喷头喷射到空中，散成细小水滴，均匀散布在农田上，达到灌溉目的。喷灌可按植物不同生育期需水要求适时、适量供水，且具有明显的增产、节水作用，与传统地面灌溉相比，还兼有节省灌溉用工、占用耕地少、对地形和土质适应性强，且能改善田间小气候等优点。

（2）地下灌溉技术。把灌溉水输入地下铺设的透水管道或采用其他工程措施普遍抬高地下水位，依靠土壤的毛细血管作用浸润根层土壤，供给植物所需水分的灌溉技术。地下灌溉可减少表土蒸腾损失，水分利用率高，与常规沟灌相比，一般可增产 10%～30%。

（3）微灌技术。微灌技术是一种新型的节水灌溉工程技术，包括灌溉、微喷灌和涌泉灌等。它具有以下优点：一是节水节能。一般比地面灌溉省水 60%～70%，比喷灌省水 15%～20%；微灌是在低压条件下运行，比喷灌能耗低；二是灌水均匀，水肥同步，利于植物生长。微灌系统能有效控制每个灌水管的出水量，保证灌水均匀，均匀度可达 80%～90%；微灌能适时适量的向植物根区供水供肥，还可以调节株间温度和湿度，不易造成土壤板结，为植物生长发育提供良好条件，有利于提高产量和质量；三是适应性强，操作方便。可根据不同的土壤渗透特性调节灌水速度，适用于山区、坡地、平原等各种地形条件。

（4）膜上灌技术。这是在地膜栽培的基础上，把以往的地膜旁侧改为膜上灌水，水沿放苗孔和膜旁侧灌水渗入进行灌溉。膜上灌投资少，操作简便，便于控制水量，加速输水速度，可减少土壤的深层渗透和蒸腾损失，因此可显著提高水分的利用率。近年来，由于无妨布（薄膜）的出现，膜上灌技术应用更加广泛。膜上灌适用于所有实行地膜种植的作物，与常规沟灌玉米、棉花相比，可省水 40%～60%，并有明显的增产效果。

（5）植物调亏灌溉技术。调亏灌溉是从植物生理角度出发，在一定时期内主动施加一定程度的、有益的亏水度，使作物经历有益的亏水锻炼后，达到节水增产，改善品质的目的，通过调亏可控制地上部分的生长量，实现矮化密植，减少整枝等工作量，该方法不仅适用于果树等经济作物，而且适用于大田作物。

二、集水蓄水

（1）沟垄覆盖集中保墒技术。基本方法是平地（或坡地沿等高线）起垄，农田呈沟、垄相间状态，垄作后拍实，紧贴垄面覆盖塑料薄膜，降雨时雨水顺薄膜集中于沟内，渗入土壤深层，沟要有一定深度，保证较厚的疏松土层，降雨后要及时种耕以防板结，雨季过后要在沟内覆盖秸秆，以减少蒸腾失水。

（2）等高耕作种植。基本方法是沿等高线筑埂，该顺坡种植为等高种植，埂高和带宽的设置既要有效地拦截径流，又要节省土地和劳力，适宜等高耕作种植的山坡厚1m以上，坡度6°～10°，带宽10m～20m。

（3）微集水面积种植。中国的鱼鳞坑是其中之一。在一小片植物或一棵树周围，筑高15cm～20cm的土埂，坑深40cm，坑内土壤疏松，覆盖杂草，以减少蒸腾。

三、少耕免耕

（1）少耕。少耕的方法主要有深松代翻耕、以旋耕代翻耕、间隔带状耕种等。中国的松土播种法就是采用凿形或其他松土器进行松土，然后播种。带状耕作法是把耕翻局限在行内，行间不耕地，植物残茬留在行间。

（2）免耕。免耕具有以下优点：省工省力；省费用、高效益；抗倒伏，抗旱、保苗率高；有利于集约经营和发展机械化生产。国外免耕法一般由三个环节组成：利用前残茬或播种牧草作为覆盖物；采用联合作业的免耕播种机开沟、喷药、施肥、播种、覆土、镇压一次完成作业；采用农药防治病虫、杂草。

四、地面覆盖

（1）沙田覆盖。沙田覆盖在中国西北干旱、半干旱地区十分普遍，它是由细沙甚至砾石覆盖于土壤表面，起到抑制蒸发，减少地表径流，促进自然降水充分渗入土壤中，从而起到增墒、保墒作用，此外沙田还有压碱，提高土壤温度，防御冷害作用。

（2）秸秆覆盖。利用秸秆、玉米秸、稻草、绿肥等覆盖于已翻耕过或免耕的土壤表面；在两茬植物间的休闲期覆盖，或在植物生育期覆盖；可以将秸秆粉碎后覆盖，也可在整株秸秆直接覆盖，播种时将秸秆扒开，形成半覆盖形式。

（3）地膜覆盖。有提高地温，防止蒸发，湿润土壤，稳定耕层含水量，起到保湿作用，从而有显著增产作用。

（4）化学覆盖。利用高分子化学物质制成乳状液，喷洒到土壤表面，形成一层覆盖膜，抑制土壤蒸发，并有增湿保墒作用。

五、耕作保墒

（1）适当深耕。生产实践中，通过打破犁底层，可以增加土壤孔隙度和土壤空气孔隙度，达到提高土壤蓄水性和透水性的目的。如果深耕再结合施用有机肥，还能有效提高土壤肥力，改善植物生活的土壤环境条件。

（2）中耕松土。通过适期中耕松土，疏松土壤，可以破坏土壤浅层的毛管孔隙，使得耕作层的土壤水分不容易从表土层蒸发，减少了土壤水分消耗，同时又可以消除杂草。

特别是降水或灌溉后,及时中耕松土显得更加重要,且能显著提高土壤抗旱能力,农谚"锄头下有水"就是这个道理。

(3)表土镇压。对含水量较低的沙土或疏松土壤,适时镇压,能减少土壤表层的空气孔隙数量,减少水分蒸发,增加土壤耕作层及耕作层以下的气管孔隙数量,吸引地下水,从而起到保墒和提墒的作用。

(4)创造团粒结构体。在植物生产生活中,通过增湿有机肥料,种植绿肥,建立合理的乱作套作等措施,提高土壤有机质含量,再结合少耕、免耕等合理的耕作方法,创造良好的土壤结构和适宜的孔隙状况,增加土壤的保水和透水能力,从而使土壤保持一定量的有效水。

(5)植树种草。植树造林,能涵养水分,保持水土。树冠能截留部分降水,通过林地的枯枝落叶层大量下渗,使林地土壤涵养大量水分。同时森林又能减少地表径流,防止土壤冲刺和养分的流失。森林还可以调节小气候,增加降水量。森林具有强大的蒸腾作用,使林区上空空气湿度增大。据测定,森林上空空气湿度一般比无林区高12%~15%,因而增加了林区降水量。

(6)水肥耦合技术。通过对土壤费力的测定,建立以肥、水、作物产量为核心的耦合模型和技术,合理施肥,培肥地力,以肥调水,以水促肥,充分发挥水肥协同效应和激励机制,进而提高抗旱能力和水分利用效率。

(7)化学制剂保水剂、抗旱剂等物质,减少水分蒸发,增加作物根系蓄水利用的一种保水节水技术。

六、水土保持

(1)水土保持耕作技术。主要有两大类:一是以改变小地形为主的耕作法,包括等高耕种、等高带状间作,沟垄种植(如水平沟,垄作区田、等高沟垄、等高垄作、蓄水聚肥耕作、抽槽聚肥耕作等)、坑田、半旱式耕作,水平犁沟等;二是以增加地面覆盖为主的耕作法,包括草田带轮作、覆盖耕作(如留茬覆盖、秸秆覆盖、地膜覆盖、青草覆盖)、少耕(如少深松、少耕覆盖等)、免耕、草田轮作、深耕密植、间作套钟、增施有机肥料等。

(2)工程措施。主要措施有修筑梯田、等高沟埂(如地埂、坡或梯田)、沟头防护工程、谷坊等。

(3)林草措施。主要措施有封山育林、荒坡造林(水平沟造林、鱼鳞坑造林)、护沟造林、种草等。

第七节　环境影响下植物根系的生长分布

由于各地区所处环境条件的差异,植物的生长受到各地限制性条件的影响。根系在植物的生长发育及生命活动中具有重要作用。环境胁迫首先直接影响到根系的生理代谢，进而影响到整个植株的生命活动。近年来，关于植物根系在环境条件下的生长与分布特征研究越来越引起人们的重视，特别是应用在品种鉴定和品种选育等方面。本节综述了国内外学者在该领域的相关研究成果，主要从水分、养分、土壤性状、重金属含量、光质方面加以论述，以期为极端环境下学者的相关研究提供参考。

根系是植物体的地下部分，是植物长期适应陆地条件而形成的一个重要器官，具有锚定植物、吸收输导土壤中的水分养分，合成和储藏营养物质等生理功能。根系的生长与分布特征反映着一定区域的地理环境，同样，多样的生境类型以及人为干预影响下，植物根系的生长分布也具有不同的特点。随着人类的进步与科技水平的提高，研究方法得到不断地完善，为满足人类发展的需要，国内外学者关于环境影响下植物根系的生长与分布领域的研究越来越多。本节主要从水分、养分、土壤性状、重金属含量、光质方面加以论述，从各研究学者所得结果综述了环境条件影响下植物根系生长分布特征进展，并讨论当前在该领域研究中的不足，为以后学者的研究提供参考依据。

一、环境胁迫条件下植物根系分布特征研究进展

（一）不同水分条件下植物根系分布特征的研究

当植物受到水分胁迫时，根系首先感受到并以根信号的形式传递给其他器官来调控植物的生长，从而控制水分散失。近年来，在植物水分生理领域中关于根系的研究越来越引起人们的重视，特别是在有关作物抗旱性与根系特性方面的研究开展了不少工作，有些结果已用于抗旱品种鉴定，抗旱品种选育等方面。

1. 不同水分条件下植物根系适应机制

干旱胁迫会影响作物根系生长。研究表明，不同植物、同一植物的不同生育时期根系的表现均不相同。在干旱条件下，小麦表现出以降低水分消耗而维持地上部生长的耐旱节水机制或者依赖根系的进一步发展增大吸收水分表面积来适应缺水环境。李昌晓等人研究得出，土壤水淹与轻度干旱比土壤饱和水条件更有利于池杉幼苗的根系生长，轻度干旱与中度干旱时表现为积极应对，重度干旱时则为被动忍耐。赵兴风等人的研究表明，随着土壤含水率的降低，沙枣的株高、根长、茎叶重、根重、茎粗均随之降低。

2. 水分胁迫条件下植物根系分布特征

受水分条件的影响，植物根系在垂直与水平方向上分布都呈现一定的差异性。根系生物量随着深度的增加逐渐减少，随着滴灌量的减少，其深层土壤根系生物量有增加的趋势。孙旭伟等人的研究结果为：随着滴灌量的减少，幼苗根系生物量的分布格局有向深层发展的趋势，根冠比和垂直根深与株高之比随着灌溉量的减少而呈增加的趋势。由于土壤干旱时，植物体地上部分生长受抑制的程度较根系明显，因而干旱有利于增加植物体的根冠比

赵俊芳的研究中，发现限量灌溉、水分胁迫处理下的根系统在30cm以下分布相对较多，中下层土壤根系占的百分比越高。喀斯特区由于地表水缺乏，植物根系能下扎至岩溶水层，因此，水分亏缺可增加土壤深处的根量而减少靠近土表的根。

同样的，水分对植物根系的影响，不仅表现在水分的亏损上，适量灌溉和过于盈余时也对其有显著影响。长期采用滴灌后，沙枣根系大部分分布在较浅的土层，越往下分枝能力越小；灌水量梯度不断增加后，导致了根系总生物量随之增加，但不会导致深层土壤根系持续增加；根系总生物量在垂直分布上随土壤深度的增加呈逐渐减少的趋势。随着滴水量的增加地表根量分布增加，根系分布较浅，具有趋于表层化的特征。方志刚等人的研究认为，根系随着灌水量的增大横向生长趋势越明显，远离滴灌带的垂直土体所含根系生物量也越多。土壤渍水通过对土壤通透性和对根系营养代谢的影响，会使根系生物量呈现明显地减少，但不同时期其影响不同。

（二）不同土壤性状下植物根系分布特征的研究

土壤是植物根系所赖以生存的场所，土壤物理性状的差异对植物根系分布有着重要的影响，主要表现在土壤类型与土层厚度两个指标上面。不同的土层厚度与土壤类型会使植物根系在土壤中的分布特征不同，而根系的分布特征与植物地上部分的生物量之间有显著的相关性，因而国内外学者在该领域的研究也十分广泛。

1. 不同土壤类型下植物根系分布特征

土壤类型不同，其理化性状不同，即土壤容重、土壤硬度、土壤孔隙度、土壤有机质含量显著不一样，从而使得植物根系呈现不同的分布特征。土壤结构良好、土质疏松、通气性能良好、有机质含量高，有利于根系生长发育。

质地不同的土壤容重不同，致使根系在土壤中的穿透阻力差别较大。与壤土相比，粘土的容重较大，故而粘土中植物的根系在上层中分布比例较大。李潮海等人的研究结果得出：玉米根系在轻粘土主要集中在上层土壤，则表层中根系的根径比轻壤土与中壤土大，深层土壤根系相对较少，其根径也较小；轻壤土玉米根系分布广且较均匀；中壤土根系的分布则介于两者之间。粘土根系主要分布在上层土壤，上层土壤根系活力后期下降慢；砂土有利于根系向深层土壤生长，后期土壤根系活力下降快；而壤土对根系生长活力与时空分布的影响介于粘土和砂土之间。王绍中研究了两类旱地中小麦根系的入土深度得出，红粘土根系下扎困难，分布较浅，黄土地区根系分布较深。

容重是土壤的基本物理性质，直接影响着土壤的蓄水和通气性，并间接影响着土壤的肥力和植物生长状况，尤其是影响根系的生长发育。随着土壤容重的增加，葡萄分根角度加大，水平分布变窄而垂直分布变浅；在根类组成上，容重小的土层细根比例高，容重大的土层粗根比例高；低容重土壤条件下，根系纵向分布均匀，数量多，根细而长，而高容重土壤上根系短而密度小。才晓玲等人认为，随着容重的增加，植株和根系生物量、根系吸收表面积呈显著降低趋势。王树会等研究了土壤容重对烤烟生长的影响，其结果表明土壤容重对烟株根系的影响是先促进后抑制。

关于土壤硬度、土壤孔隙度等指标对植物根系的影响亦有部分学者进行了研究，如土壤硬度对播种苗和栽种苗根系发育的影响，但土壤的这些因子是相互联系着的。如潮砂土：上层土壤含砂粒极多，黏粒极少，粒间多为大孔隙，土壤通透良好，透水排水快，根系含水量高，细胞膨胀度大，根粗，次生根少，根系体积、根干重、根密度大；下层土壤以黏土为主，黏重板结，通透性差，根系发育受阻，导致各根系参数剧减，故浅层根系生长较好。

2. 不同土层厚度下植物根系分布特征

由于各地区所处的自然环境的差异，使得土层厚度在各个地区不一样。植物根系与作物产量密切相关，而土层厚度决定着植物根系在土壤中所生长和发育空间的大小，因而关于土层厚度对植物根系的研究成果也较多。石岩等人的研究认为，土层越厚越有利于旱地小麦根系生长，根系分布于表层的比例少；土层愈薄，表层根系所占的百分数愈大，不同层次根系干重变化均随土层厚度的增加而减少。同时还得到，随土层厚度增加，根系活力增强，土层愈薄，其根系衰老愈快。Timothy、容丽等人对喀斯特石漠化区的研究表明，根系具有浅根性的特点，亦与喀斯特区土层厚度较薄有关。

（三）不同营养元素下植物根系分布特征的研究

土壤中营养元素的差异亦是影响植物根系分布的重要因子之一。不同的施肥方式、不同的施肥量以及施肥的种类不同，都会严重地影响植物根系在土壤的分布。近年来有不少学者在该领域进行了大量的研究，但所得研究结果不尽一致。垄沟深追肥促使根系向纵深发展，可增加深层根系数量，使深层根干重和总根重增加。根系在不同土层分布差异较大，且随土层增加而减少，根系主要分布在耕作层（0~20cm），增施氮肥促进总根量增加，深层根系减少。有研究表明，植物根数、根长、根系活力等指标随着施氮量的增加而增加。张瑞珍等人的研究得到的结论是：同一品种，随着施氮量的增加，根重和根表面积呈现先增加后减少的趋势。邱喜阳等人的研究却认为：同等条件下，增施氮肥使根干质量和根质量密度急剧减少。王余龙等人则认为，如果生育中期供氮水平低，生育后期适量施氮则可明显提高根系活力；如果生育中期供氮水平过高，生育后期施氮则不能提高根系活力。

氮主要影响侧根的伸长，缺铁也会抑制主根伸长，但是程度没有缺磷显著，而且铁对侧根没有影响，与之相比，磷可以影响植物从主根到侧根直至根毛的一系列变化。拟南芥在磷饥饿诱导下，主根缩短，侧根密度、根毛的数量和长度显著增加，并且，根尖到第一侧根和第一根毛的距离也大大缩短，这些改变增加了根系比表面积，并且使得根系分布更加靠近土壤表层。磷是作物必需的重要营养元素之一，但是磷在土壤中易被固定，从而降低了作物吸收的有效性。植物在磷饥饿时有一个很明显的变化是根冠比的增加。有研究表明，剑麻根冠比随着磷肥用量的减少不断增加，在缺磷条件下剑麻的最长根有所增长。磷对根系具有刺激作用，有限范围内施磷有利于根系的生长，但施磷过多，引起土壤中营养元素比例失调，则不利于根系生长。低磷胁迫时，油菜幼苗主要通过增加根长，减少根半径来增加跟比表面积，土壤供磷水平过高，可降低各项根系参数。根半径随施磷量的增加而减小。

在其他元素邻域亦有一定量的研究，施硅肥能促进糯玉米根系生长发育。配施40%腐熟芝麻饼肥处理能明显提高根系活力和增加根系干物质量，有助于根冠比的协调；配施60%腐熟芝麻饼肥的处理有利于根系下扎，在烟草生育前期有利于增加根系干物质量，后期有助于提高根系活力。施用有机物料处理的烟株根系垂直30～40cm以及水平距茎基部20～30cm的分布均比对照增多。

（四）重金属下植物根系生长特征的研究

植物对重金属的反应首先表现在植物根部。近年来，随着土壤重金属污染问题越来越突出，关于重金属在土壤中对植物根系生长的影响也日益引起了人们的关注，尤其以重金属铝（Al）、镉（Cd）、铬（Cr）、锌（Zn）、锰（Mn）对植物根系的毒害研究颇多。

铝是地壳中含量最高，分布最广的金属元素，也是组成土壤无机矿物的主要元素。铝毒是酸性土壤中作物生长最重要的限制因素。铝毒首先作用于作物根系，表现出使根系颜色发黑、须根数目少或不长，使主根伸长缓慢、侧根大大减少、根体积下降、根鲜重和根干重明显减少。低浓度的铝对部分植物根系生长具有促进作用，而高浓度的铝对作物根系的生长有抑制或毒害作用。镉是又一毒害植物生长的重金属元素。当镉对植物产生毒害作用时，首先表现在根系的形态和生理功能上。吴恒梅等人的研究认为，低浓度的Cd_2^+处理下对丝瓜根系活力具有促进作用，高浓度则具有抑制作用。张利红、王连臻等人在小麦生长和黄瓜领域的研究也得到类似结果。也有学者的研究得到：高浓度的铬、锌、铅、镍、锰、锡、铜对根系的生物量和根系活力同样具有抑制作用。

（五）其他环境条件下对植物根系生长特征的影响

植物根系除受以上条件影响外，还受到盐分、光质、温度、岩性等环境因素的影响。初敬华探讨了土壤盐分与根系分布及植株生长之间的关系，结果发现：根系发达程度与土壤全盐量呈正相关，尤其对于盐生植物，低浓度的盐分使植物的主根长和总根长都有所增加，但浓度过高时同样抑制根系的生长。红光显著促进幼苗根系生长，提高根系活力；蓝光、黄光和绿光均显著抑制根系生长。张宇清的研究中得到：在两种立地条件梯田埂坝红柳根系都具有深根性的特点，但阴坡埂坝红柳根系的水平延伸范围大于阳坡，根系的生长发育状况阴坡明显优于阳坡。符裕红在对典型石漠化区根系生境及其类型的研究中得到：受岩性与岩性产状的影响，岩溶石漠化地区植物根系生长的空间不仅在地表土壤层，更多生长在地表以下的岩石裂隙形成的地下空间中。

综上所述，一般而言，不同层次根系干重变化均随土壤深度的增加而降低，但由于地区环境条件的差异，植物根系表现出不同的适应机制与分布特征，即使在同一地区，由于环境胁迫方式与强度或者植物品种的不同，亦表现出不同的生长特点。

二、结论

（1）受水分条件的影响，各层土壤中根系生物量随着土壤深度的增加而逐渐减少，但一定范围内增加水分含量，会导致根系总生物量随之增加，但不会致使深层土壤根系增加，并且过度的干旱和水饱和都会严重影响植物根系的生长发育，表现出根系参数指标呈现下降的趋势。总的来讲，当植物受到干旱胁迫时，为从较深的土壤中获取地下水分以满足植株生长的需要，植物根系具有深扎性的特点，根长而细，因而深层土壤根系生物量有增加的趋势；而在土壤渍水条件影响下，为有更好的通气性，上层土壤根系较多，根短而根径相对较大，且根系趋于表层化。

（2）土壤环境决定了根系的生长分布特点。土壤类型与土层厚度对植物根系的生长与分布有着显著的相关性。

土壤质地直接关系土壤的保水性、导水性、保肥性和导温性。按土壤各粒级组合比例不同所划分的砂土、壤土和粘土三大类土壤中，一般认为，根系活力是：壤土＞砂土＞粘土。砂土有利于植物根系向深层土壤生长；粘土植物根系下扎困难，在上层中分布比例较大，上层土壤中根径较壤土大；壤土根系空间分布介于砂土与粘土之间。高容重土壤对植物根系生长具有抑制作用，使根系水平分布变窄而垂直分布变浅，粗根比例虽高，但根短而少；容重小的土壤使植物根系生长所受的穿透阻力小，因而根数量多，根细而长，深层根分布也较多。土壤硬度跟土壤孔隙度与土壤质地、土壤容重密切相关，土壤空隙大，通透良好，透水排水快，有助于植物根系生长，根系活力强，根长也较长；土壤黏重板结，通透性差，根系发育受阻，浅层根系分布较多。

土层厚度决定了植物根系生长发育的空间大小。土壤愈薄，根系生长的范围受到限制，使得表层根系所占比例大，根系衰老愈快；土层愈厚，愈有利于根系生长，根系活力亦愈强，深层根系分布增多，分布于表层的根系比例下降。

（3）施肥日益成为人们为提高作物产量的必要方式之一，而不同施肥方式、施肥量以及施肥种类的不同，对植物根系的生长影响不同。氮主要影响侧根的伸长、缺铁会抑制主根伸长，而磷可影响植物从主根到侧根直至根毛的一系列变化。整体而言，施肥使深层根系减少，根系分布更加靠近土壤表层，但不同种类的施肥对根系生长的影响差异显著。适当的施硅肥可促进植物根系的生长；而磷饥饿反而有利于根系生长，磷水平过高，根系各参数会随之下降；而施氮肥量与其是正相关或负相关，学者们的研究结果不尽一致，这需要与所处区域的环境条件、植物生长所需元素以及植物不同生长阶段加以联系分析。一般而言，施氮量与根系生长的关系呈现先增加后下降的趋势；相较单一类型的施肥方式，混合配施肥更有利于根系的生长。

（4）土壤中重金属含量所占比重不断增大，作为首先对其做出反应的植物根部来说，是影响根系生长发育的又一重要因子。部分低浓度金属（Al_3^+、Cd_2^+）是植物生长所需的，对根系的生长具有促进作用；而高浓度的重金属对植物根系有毒害作用，抑制根系的生长。

尽管国内外学者关于环境条件影响下植物根系生长与分布特征的研究较多，但在某些具体方面的研究力度不够，应成为今后研究的重要领域。植物根系的生长是受多种因子综合作用的结果，已有的研究着重单因子对植物根系生长发育的影响，今后因加强各环境因子间交互作用对其影响的研究；对局部地域研究力度不够，如对喀斯特石漠化区环境影响下植物根系生长发育特征的研究应需加大力度；研究重金属对其影响方面，应拓展更多微量元素下植物根系的生长特点，以及补缺重金属影响下植物根系分布板块的内容；大量的研究基本针对的都是作物根系的研究，考虑品种间生长各异的特点，需加大在其他林木种类根系上的研究。

植物根系的生长分布特征不仅仅受以上环境因素的影响，而本节只从较为主要的几个方面加以论述。对气候变化、植物基因遗传、树龄等方面没有提及，应在资料收集充分的条件下加以补充；所涉及的范围也有待进一步拓展，尤其是对国外学者在该领域的研究上应加以完善。

第八节　环境胁迫与植物抗氰呼吸探究

自然界中的植物类型多样，而植物的生长主要依赖于现有的环境。在生长的过程中，植物发生的物质代谢、能量代谢，以及生长发育的规律和机理都与外界环境紧密相关，而植物抗氰呼吸的发生及运行也受到环境的影响。本节主要对植物抗氰呼吸的内涵及生理意义进行阐述和分析，并结合相关实例分析环境胁迫下的植物抗氰呼吸状况及变化。

一般而言，抗氰呼吸主要存在于植物或某些真菌当中，例如天南星科、睡莲科和白星海芋科的花粉，玉米、豌豆和绿豆的种子等高等植物，并且抗氰呼吸与植物开花、发芽等所处的环境紧密相关。抗氰呼吸主要指的是植物体内存在与细胞色素氧化酶铁结合的阴离子（如氰化物、叠氮化物）时，仍能继续进行呼吸，即不受氰化物抑制的呼吸。当前针对植物生理方面的研究，越来越多的研究者关注植物在环境胁迫下植物的抗氰呼吸情况。就植物抗氰呼吸，具体阐述如下：

一、植物抗氰呼吸及生理意义

（一）植物抗氰呼吸的途径和特性

就植物的抗氰呼吸途径而言，当前最多且为人接受的观点是：植物呼吸电子从泛醌分叉，电子不经过细胞色素系统，即不经过磷酸化部位Ⅱ及Ⅲ，直接通过另一种末端氧化酶——交替氧化酶传递到分子氧，由此实现抗氰交替。当然，就植物抗氰呼吸的途径，许多学者或研究者也有其他的观点和看法，尤其是针对抗氰交替中是否有其他组分的问题，到现在该问题已经得到众多学者的肯定回答，即没有其他的组分。

（二）植物抗氰呼吸的生理意义

根据抗氰呼吸的定义及内涵可知，植物在特定的环境下仍能进行呼吸且不受氰化物的影响。如此一来，抗氰呼吸可以使植物在生长的过程中有效抗病，也有利于植物授粉或促进植物果实成熟。以海芋类植物为例，该植物在开花的过程中，花序呼吸速率能够加快，海芋类植物内部组织的温度也会在抗氰呼吸下提升，并且超出环境温度25℃左右，这种状态延续的时间还是比较长的，而温度升高则会使海芋类植物散发出比较浓郁的味道，这种味道会吸引昆虫，通过昆虫可以实现授粉。

二、环境胁迫与植物抗氰呼吸

植物除了受到自身发育的作用会产生抗氰呼吸的现象外，受到外界环境的影响如外界的温度、干湿度、盐度等的胁迫，也会使植物抗氰呼吸状况发生变化，以下就是环境胁迫对植物抗氰呼吸影响的几点具体分析：

（一）外界环境中盐度胁迫与植物抗氰呼吸

根据研究和实验，盐度胁迫会对植物抗氰呼吸产生一定的影响。其中 NaCl 胁迫可以影响植物当中 AOX 蛋白的表达，其引起的植物生长及呼吸的变化主要制约植物初生木质部的发育，而由于植物在耐盐性方面有所不同，盐度胁迫产生的影响程度也就不同。以小麦为例，对两种耐盐度不同的小麦植物进行观察，在定量的盐度胁迫之下，两种小麦的 AP 活性变化明显存在差异。在盐度胁迫之下，植物抗氰呼吸相关成分的交替途径具体发生的变化有以下两点：植物抗氰呼吸运行当中，腺苷三磷酸的合成量减少；形成关键性的中间产物，植物当中的三羧酸循环发生反转，盐度胁迫下植物可进行自身调节。

（二）病原菌侵染下的植物抗氰呼吸

近几年，外界环境中的病原菌侵染对植物抗氰呼吸产生的影响主要有以下几点：植物本身进行的抗氰 AP 在亲和互作之下会导致植物感染病原菌；抗氰 AP 使得植物寄主感染的病原菌会受到 Ca^{2+} 等信号分子的控制；植物寄主的活性氧活动受到制约，抗氰 AP 对植物寄主产生病原菌的侵染。依据以上病原菌侵染对植物抗氰呼吸产生的三点主要影响分析得出，抗氰 AP 运行对植物病原菌有一定的调节和控制作用。过去针对病原菌侵染对植物抗氰呼吸研究的成果并不涉及亲和互作作用，但是在最近几年关于这方面的研究越加深入，并且显示出植物病原菌侵染与抗氰 AP 有着极大关系。

植物抗氰呼吸有利于植物的生长和发育，在抗氰呼吸下植物能够在某些方面有更大的生长优势，尤其是在某些外界环境因素的胁迫下，植物内部组织等会发生变化，受到影响，植物的抗氰呼吸也发生变化。本节主要研究在盐度、温度以及病原菌侵染胁迫下植物的抗氰呼吸情况，但植物抗氰呼吸还受到水分、渗透等的影响。由于经验和知识有限，以上阐述还存在许多不够全面的地方，希望广大专业人士批评指正。

第九节　植物生长和生理生态特点在海拔梯度上的表现

高山植物是重要的植物生长类型，其逐渐成为地表层中的主要构成，种类繁多、生态体系丰富。海拔梯度是由气温、湿气、阳光照射等因素构成，比较有利于对其上面生存的植物改变进行研究。海拔梯度在很大程度上影响着植物生态生理特征，因此对植物生长和生态生理特点在海拔梯度上表现的研究是非常必要的。

一、环境因子变化及对植物生长的影响

（一）温度因子变化及影响

温度因子是影响植物生长的重要因素之一，其作用于植物光合、呼吸、内部分解、物质搬运等流程中。一旦温度发生明显的变化，如高于正常值，则会导致植物出现凋落、枯萎现象，很容易束缚其生长，诱导植物灭亡。温度对植物有机物及土地等有一定的影响。有关专家曾在气温低的地区做了相关实验，对环境做"升温处理"，结果使得植物生长能力增强，繁殖和净化能力得到提高，但是如果气温没有在中低海拔地区，升高温度则会造成土壤水分大量蒸发流失，出现干燥现象，影响植物健康成长。调查显示，海拔每增加100米，气温则减少0.6℃，且月温最低值、夏天平均温度、生长时节等都和海拔梯度成反比。

（二）水分因子变化及影响

植物生长受到水分因子的影响，水分作用于植物生长区域和其成长能力，且能够在很大程度上对丛林繁殖带来一定的影响。植物水分均匀主要通过对水分的吸入与消耗完成，其受到土壤与空气的水分相关因数影响。PET（潜在蒸散）也是影响植物生长的重要因素。如植物生长区域在水分较少的地区，则影响植物生长的核心因素为降雨。不同区域和时节降雨量有一定差异。水分通常利用MAR（年均雨水值）进行统计。通常，地区高度增加，其MAR值升高。温度降低，MAR值降低，且PET减少，影响植物光合与繁殖能力效率。

（三）光照因子变化及影响

光照因子作为植物代谢的重要资源，其作用于生态体系中的很多物理、生物等领域，对植物的生态生长特点和繁殖区域有着较大的影响。社会不断发展进步的同时，对自然生态环境带来了一定的破坏，其不断排出的二氧化碳导致光照种类和能力改变，且破坏了原有的大气流动方式，云量随之改变，带来辐射影响，且植物的叶子、果实成长、凋零、休息状态也会受到这些因素变化的影响，导致出现光周期。辐射程度增加，则紫外线的数量

增多，使得植物的植茎长度减少，且厚度增加。减少辐射，才会让叶茎缩小，防止水分过多蒸发。

（四）土壤因素变化及影响

America 专家科瑞多经过研究表明，海拔降低，其土壤的酸碱值和肥力等随之降低，且土壤承载能力也受到海拔梯度影响。土壤有机物化解受限于微生物，而土地的温度和湿度能够影响微生物。地区所在高度增加，其土壤温度减少，弱化微生物能力，提高有机质的量。有机质与海拔成正比，而有机质与土壤肥力息息相关，因此在很大程度上对植物生长带来一定的影响。

二、植物生长生理生态特点在海拔梯度上的表现

（一）海拔变化中植物叶形态变化

植物累积能量和物质一般利用叶片完成，其为生态体系中第一生产的主要构成。性状和特点为植物生长时适应性能力的重要体现。叶片通其性状将生态发展到整体植物部落中。张晓飞曾在相关研究中发现，锐齿槲栎的叶绿素等色素量随着海拔变化而变化，海拔梯度增加，叶片减少，且分布不均匀，片层排列失去协调性，导致类囊体体积增加。如达到 4000 米位置，则叶绿体为圆状，处在细胞的中间位置，片层发生明显形变，体积急速加大，脂质物体随着出现，而叶子长度和大小也随着海拔变化而变化，通常为海拔减少，叶子变薄，单叶质量减少，SLA（叶子大小面积）值增加。

（二）海拔梯度变化与植物光合作用变化

植物的生长时间会随着海拔的增加而降低，光合作用随着减弱。一种植物生长在不同海拔梯度过程中，光合能力发生明显变化。海拔较高的地区，其光合作用的适应温度比起在海拔较低的地区低。海拔较高地区的植物叶片饱和度和表观量子需求加大，暗呼吸速度减弱。然而就净光合能力来讲，海拔高的地区能力增强，光补偿点高，饱和点低，体现出植物自高光到低光全部可以加以光合作用，且作用时长较长，没有太大的光束缚表现，并未发生"光和午休"问题。

（三）海拔梯度变化植物化学构成差异

植物叶绿素随着海拔降低、气温变化程度增加而随之降低。白天和夜晚的温度差异增多，则叶绿素增加值越多（增加幅度在 19.7%~25.3% 左右）。由于叶绿素吸收最多的尾短波蓝光，因此其海拔增加，叶绿素 b 的量会增加，使得叶绿素 a 与叶绿素 b 的比率降低。海拔增加同样会使得 Ka、N、P 的值成正比变化。由于植物叶片的 N 值作用于其吸收二氧化碳的程度，且其碳存在值和植物水分运用能力有一定的联系。与此同时，可溶性糖含量能够在很大程度上影响植物抗温能力。如植物中存在的可溶性糖较多，则其抗温能力也随

之降低。

  由于目前世界气候改变以及社会变迁，高山生态环境发生了翻天覆地的改变，整个生态体系生长能力和繁殖能力等减弱。高山植物生长和生态生理特点受到海拔梯度的影响，且随着其梯度带来的环境因子的变化而随之变化。深入了解这种变化及相关性，保证植物在健康优质的生长环境中生长，对整个生态环境和人类社会有着至关重要的意义。

第二章 环境对植物生长的影响

第一节 纳米材料对植物生长发育的影响

纳米材料的广泛运用，势必会对环境中的植物生长产生影响。本节总结了目前常用的纳米材料对植物种子的发芽情况研究，以期为纳米材料在种子萌发领域的应用提供理论依据。

随着纳米颗粒的广泛使用，越来越多的纳米粒子通过各种途径进入环境中，可能对人们的健康以及生态环境造成危害，植物作为自然界的生产者，也是生态系统最为重要的环节，纳米粒子对植物生长发育的影响，以及植物对纳米材料的吸收积累都会对高营养级的生物产生不同程度的影响。

一、对植物发芽率的影响

种子发芽是一种常用的试验植物毒性的方法，具有方法简便，成本较低，试验快速等优点。目前已有研究表明，纳米微粒对植物的发芽率有一定的抑制作用。例如：纳米 TiO_2 对油菜、黄瓜和玉米的发芽率均有抑制作用。纳米 TiO_2 对油菜和黄瓜的发芽率影响比较微弱，而对玉米发芽率的抑制作用则是非常显著的。由组氨酸包被的金纳米簇对辣椒的发芽率具有抑制作用。也有研究者以玉米为受试植物，分别对 ZnO 纳米颗粒和金纳米颗粒进行研究。以 10～1000 毫克/升的不同浓度梯度的 ZnO 纳米颗粒处理玉米种子，得出结论：当 ZnO 纳米颗粒的浓度升高时，玉米种子的萌发率呈下降的趋势。就金纳米颗粒是否对玉米种子发芽率产生抑制作用的研究，发现用不同方法处理过的金纳米颗粒对玉米种子的发芽率并没有显著影响，这是由于种皮对种子具有保护作用，可以防止外界污染物或病虫害对种皮内的胚胎发育产生影响，只有一些能够通过种皮的细小微粒才能对胚胎产生影响，这可能是金纳米颗粒对玉米种子萌发没有抑制作用的原因。由于金属和金属氧化物纳米颗粒的种类很多，因此，其对植物产生的影响也不尽相同，学者们对其产生的植物毒性以及是否存在植物毒性都具有争议。

二、对植物生物量和幼苗形态的影响

目前，由于纳米微粒特殊的物理化学特性，纳米材料对生态环境和生物生长发育方面

的影响，受到了许多学者乃至政府的关注。目前已有很多学者对此进行研究，得到结论：一般情况下，植物经高浓度（1000～4000毫克/升）的纳米微粒作用时，植物的生物量，幼苗形态，根伸长，根活力等生理生化指标才会受到影响。例如：零价的Fe纳米颗粒在（2000～5000毫克/升）时完全抑制麻，黑麦草和大麦的发芽；而ZnO纳米颗粒在浓度为1000毫克/升时，可以将黑麦草根尖的所有细胞杀死。浓度为100毫克/升的CuO纳米颗粒则可以抑制玉米幼苗根的生长。

有研究表明，纳米颗粒对植物的生物量以及幼苗形态存在着抑制作用。有学者为了探究纳米ZnO对植物的生长发育是否存在影响，分别用1000毫克/升纳米ZnO颗粒和100毫克/升纳米ZnO颗粒处理玉米幼苗，同时设置了对照组，发现100毫克/升纳米氧化锌的作用下根的生物量较对照组降低了48.4%，而1000毫克/升浓度的纳米氧化锌较对照组降低了87.5%，茎的生物量也有所降低，100毫克/升浓度下的纳米氧化锌颗粒较对照组降低了75%，而1000毫克/升浓度下茎的生物量较对照组降低了87.5%。在1000毫克/升的浓度下玉米幼苗叶的生物量降低的更为明显，可以达到91.1%，100毫克/升浓度时，也能达到62.96%。锌是人体必需的微量元素，同时也是植物生长必需的元素，然而过量的锌对植物是有害的，对植物的生长产生抑制作用，甚至具有一定的毒性效应。随着纳米颗粒浓度的增加，受试玉米幼苗的叶子发黄较为严重。

三、对植物生理生化的影响

纳米材料对植物的发芽率，生物量，以及幼苗形态等均有不同程度的影响，那么，纳米材料对植物的生理生化方面是否存在着某些作用？对此，很多学者做了大量研究，例如，Gao等发现将0.03%的TiO_2纳米颗粒悬液，喷洒在菠菜的叶片表面，结果发现TiO_2纳米颗粒悬液可以显著的促其进生长，从而得出结论，TiO_2纳米微粒悬液在促进光吸收的同时还能增强菠菜体内Rubisco酶活性，进而提高光合作用的效率，促进植物的生长。植物为了使自己免于遭受活性氧化的伤害，都有自己的一套高度发达的抗氧化防御系统，有多种抗氧化酶CAT、MDA、过氧化物酶以及低分子量抗氧化剂等。有学者观察金纳米颗粒对玉米和辣椒体内的抗氧化酶的作用效果，来探究纳米微粒对植物的一些酶活性的影响效应。分别通过柠檬酸还原的金纳米颗粒、ESA包被的金纳米簇以及组氨酸包被的金纳米簇来处理玉米和辣椒幼苗。得到的结论是：随着AuNCs@His处理浓度的增加，玉米体内抗氧化酶的活性呈先上升后下降趋势。当AuNCs@BSA处理浓度增加，玉米地上部分抗氧化酶活性呈上升趋势。三种纳米材料对玉米根系的抗氧化酶活性没有显著影响，根系POD酶活性和MDA显著低于对照组。由此可见，纳米微粒对植物体内酶活性具有一定的抑制作用。

研究表明，不同的纳米粒子对植物的影响也不尽相同，对植物的发芽率、生物量、幼苗生长以及生理生化方面均具有抑制作用。纳米微粒的毒性机制与外部的环境因素以及暴露时间有着不可忽视的关系。

第二节　夜景照明对植物生长的影响

目前，从设计到规划，城市夜景照明系统都有了迅速发展，每个城市都在利用各种照明方式打造不同的城市形象。夜间照明对城市有美化的作用，对居民的居住环境也有所改善，同时也保证了城市旅游观光业的发展，它给城市带来美感的同时，也产生了很大的经济效益和社会效益。目前，有关城市夜景照明的研究主要集中在规划、设计、照明方式、亮度标准以及在建筑或景观观赏中的应用等问题上，而夜景照明对景观植物生长发育影响方面的研究并不多。笔者就现有的针对景观植物的研究做一综述，分别从城市夜景照明、城市常用公共植物及光照对景观植物的影响等几个方面进行了阐述，最后对以后夜景照明对景观植物的影响研究提出了一些意见或建议。

一、城市夜景照明简述

国内城市夜景照明开始于 1989 年上海外滩的建筑照明，现已成为城市景观中不可缺少的部分。城市夜景照明是指城市区域所有室外活动的空间或景物的夜间照明；常见的有夜景景观照明、道路与交通照明、广场或工地照明、广告标志照明和园林山水照明等。常见的夜景照明光源有白炽灯、汞灯、荧光灯、金属卤化物灯、高强度气体放电灯、LED 灯等。在城市的规划建设过程中常常会将照明和绿化植物结合起来进行安排和建造。根据环境不同，植物和光源有不同的搭配，以达到夜间照明及美化的作用。

二、城市常用公共植物简述

植物在城市公共空间中扮演着重要的社会和生态角色，对公共空间的美化起到一定的促进作用。城市常用公共植物不仅要适应当地的气候和土壤条件，还需要具有一定的观赏价值，其中，树木、花卉及草坪景观是最常见的植物景观，这三种形态的景观以不同的组合分布于各个城市的公共空间。城市公共植物分为城市广场植物、城市公园植物及城市街道植物等。

（一）城市广场植物

根据前人研究发现，城市广场绿地覆盖率在 50%～80% 时能取得较好的景观、生态和游憩效果，形成适宜人居住的小气候，营造不同景色的变化。国内各地城市地理位置差异、气候差异及土壤类型差异造成城市广场植物的种类也是各异的，这里以长沙市为例列举城市广场应用较多的植物：常见乔木包括白皮松、榕树、银杏、广玉兰、国槐、棕榈、云杉、红枫、油松等；常见灌木包括罗汉松、大叶黄杨、金丝桃、海桐、金叶女贞、南天竹、水栀子、蜡梅、海棠等；草木包括中华细叶结缕草、狗牙草、冬麦等。

（二）城市公园植物

运用乔木、灌木、藤本、竹类、花卉、草本等植物为材料，创造出与周围适应的环境被称为城市公园植物景观。不同主题的公园会选择合适的植物材料搭配来衬托主题。

（三）城市街道植物

街道植物的作用是创造一个和谐优美的城市环境，街道植物的选取常以各地的本土植物为骨干树种，再辅以绿地木本植物，比如与乔、灌、花、草等相互搭配，形成最终的景观模式。

三、光照对景观植物的影响

光照对植物的生长发育过程中有着很重要的作用，是绿色植物赖以生存的必要条件之一。光照作为能源控制着光合作用，影响植物生长发育的各个阶段；同时光照作为一种触发信号，影响着植物的光形态建成。

（一）光时对景观植物的影响

光时对植物的影响体现在昼夜光照时间的周期性变化，其中受影响较大的是植物的开花、结果、休眠和落叶等。根据植物对光照时间的生理响应可将植物大致分为长日照植物、短日照植物及日中性植物三种类型。城市夜景照明无疑增加了植物的光照时间，会影响植物生长发育的过程。

（1）光时对景观植物种子萌发和幼苗生长影响。光周期对植物和植物组织培养都有重要的影响。光照时间影响着种子的发芽，长日照条件下种子的发芽率会高于自然条件下种子的发芽率，这是由于长日照条件下有更多的同化产物向种子分配和积累。目前城市公共空间种植的植物基本都是移栽而来的，从生长地到移栽地，不同植物的光周期被统一，可能会对某些景观植物的幼苗以及种子形成造成一定的影响。

（2）光时对景观树木育苗的影响。树是城市绿化的主要植物，承担了净化空气、吸收温室气体、营造宜居环境的重任。根据前人对某些树种研究发现，延长光照时间能够促进苗木生长及抑制休眠，反之，缩短光照时间则能抑制苗木生长和促进顶芽形成，因此给某些苗木补光可以促进其生长缩短育苗时间，提高育苗效率。龙作义等给红皮云杉苗木延长光照时间促进了该树木的生长。城市道路两旁的绿化树常常会跟路灯间隔安排，路灯能够照射到的树木叶子跟阴影区树木叶子的生长状况是有所差别，这种差别因树木的种类而有所不同。

（3）光时对景观植物花芽分化及开花的影响。对于不同植物来说，光照和黑暗时间的差异会导致不同植物有不同的反应，其中，某些植物对光照和黑暗的反应非常灵敏，通过黑夜的长短来控制开花和落叶,长时间、大量的夜间人工光照射,会导致一些植物花芽过早分化,或者抑制另外一些植物的花芽分化。花芽分化不仅是植物从生长阶段进入生殖阶段的标志,而且可以直接影响到景观植物的开花数量与质量。植物能够灵敏的感知光照时间的变化,因为光周期是决定植物开花的一个重要环境因子。有研究表明每天接受光源辐射的时间如果超过确定的临界值,菊花便不会开花,风铃草则只会开花不会结果。Imaizumu等研究发现植物开花和光周期有密切联系,很多植物只有在适宜的光周期下一段时间才能开花,否则将会一直处于营养生长状态。徐祖明等在研究松果菊时发现,光时会对松果菊的生长发育产生影响,花芽也因光时的不同而产生变化,最适光时能够使花芽提早分化且产生的种子品质高。

(二)光质对景观植物的影响

城市夜景照明的光质不同于太阳辐射,太阳辐射的波长范围是 150~4000 nm,其中 380~780 nm 属于可见光部分,可见光对植物的生长发育最为重要。人工光源的波长不同于太阳辐射的波长,它们发出不同波长的光质对植物产生的作用不同,不适宜波长呈现出的灯光颜色会使植物的生命活动发生紊乱,甚至死亡,其中以高压钠灯和白炽灯对植物潜在的影响较大,而荧光灯、汞灯等对植物的潜在影响较小。

光质对植物的生长发育至关重要,它除了作为一种能源控制光合作用之外,还作为一种触发信号影响植物的生长。植物感知光照靠的是光受体对光照的吸收,这一过程将光照的物理能量转化为化学能量。不同光质可激发不同的受光体,进而影响植物的光合特性、生长发育、抗逆性等。光质对光合作用的调控主要包括可见光对植物气孔器运动、叶片生长、叶绿体结构、光合色素及其编码基因和光合碳同化等的调节,以及紫外光对植物光系统的影响。

光质对景观植物光合作用的影响。光质通过叶绿素对植物的光合作用产生影响,叶绿素含量体现了植物对光能的吸收和转化能力,是评价植物生长发育状况的一项重要指标,不同光质对植物叶绿素含量的影响是不同的。很多研究显示,白光和红光促进植物叶绿素含量的升高,而蓝绿光抑制植物叶绿素含量的升高,但是也有研究显示某些植物蓝光处理下叶绿素的含量高于红光处理,因此光质对植物叶绿素含量的影响因植物的种类及组织器官等不同而有所不同。

此外,光合速率是表征光合作用的重要指标。一些研究显示蓝光可提高菊花叶片净光合速率的值,而红光会使得光合速率的值降低;还有一些研究结果表明红光促进植物叶片光合作用,而蓝光抑制植物叶片的光合作用。分析结果可能因所选物种对光质的适应程度不同而造成光质对叶片光合作用影响的不同。

光质对植物生长及代谢的影响。研究显示,红光可促进某些植物幼苗的生长,促进横向分枝及分蘖,延迟花芽分化,而远红光可消除该效应;蓝光可以抑制植物叶片的生长,减小叶面积,降低植物的生长速率。植物内部碳氮代谢物质含量也受光质的影响,研究显示蓝光有助于蛋白质的合成而红光有助于碳水化合物的增加。谢宝东等对银杏叶研究得出光质对植物此生代谢物含量影响显著，短波段利于黄酮和内酯类物质的积累而长波段有利于生长。

（三）光强对景观植物的影响

光照强度是一种环境信号，它通过植物体的光敏色素来影响植物的生长发育。由于夜间照明存在，植物叶片接收到的光照强度不同于自然状态下的光强，因此会对植物生长产生直接的影响。植物对光照强度的需求有一个上限，即光饱和点。光照强度达到上限时光合作用达到最强，超过上限时就会使植物产生光抑制从而降低植物的光合作用。由于城市亮化的需要，城市夜景照明往往会提供给城市绿化植物较强的光照强度，其中阴生和偏阴性植物受到的影响最大。

光照强度对景观植物的光合作用影响。光强对植物的光合作用影响也是通过叶绿体进行的，植物体内的叶绿体是植物捕获光能的重要载体，其中叶绿素 a 含量反映了植物对光照的利用能力，而叶绿素总量尤其是叶绿素 b 含量可以直接反映植物对光照的捕获能力，不同光照强度对植物光合作用的影响主要是通过植物对光照的捕获利用能力来实现的。研究显示，降低光照强度可以降低高山杜鹃叶片叶绿素 a 的含量，而叶绿素 b 的含量增加，叶绿素 a/b 降低，叶绿素 a/b 的降低有利于吸收环境中的红光，维持光系统Ⅰ（PSⅠ）与光系统Ⅱ（PSⅡ）之间的能量平衡，是植物对弱光环境的生态适应。此外，强光环境下，过剩光能会引发氧化胁迫，对光合作用反应中心、光合色素和光合膜产生巨大伤害，植物容易产生光抑制。有研究显示强光条件下金花茶幼苗的叶绿素 a、叶绿素 b 和叶绿素总含量都减少；分析发现强光破坏了叶绿体的 PSⅡ系统，使光合作用的原初反应过程受到抑制，影响光合电子链的传递，从而对植株正常生长产生抑制作用。

光照强度对植物代谢的影响。碳氮代谢是植物生长发育的最基本代谢。光合作用是碳代谢的重要部分，其强度与碳代谢呈正相关。在一定的范围内，光照强度增加，促进植物的光合作用，碳代谢增强；光照强度减小，抑制植物的光合作用，碳代谢减弱。植物的氮素营养状况以及氮素的吸收和光照强度在一定程度上也有联系，曾希柏等以葛苣为材料，结果表明光照强度增加作物吸收氮素的速度较快、吸氮量增加、产量高。分析原因为强光下植株的硝酸还原酶活性、谷氨酸脱氢酶活性以及叶片中的可溶性蛋白质的含量较高，具有较高的氮素同化能力。植物的黄酮形成和积累最能体现出光强对植物体内酚类化合物含量的影响，前人通过研究发现不同光强下银杏体内的黄酮含量有所差异，说明光照强度对植物体黄酮的形成有一定的作用。

城市夜景照明对景观植物的影响研究还有待进一步研究。比如城市里的主干道，因为照明需求都会使用大功率路灯，同时考虑到照亮范围就会增高路灯的高度，此时夜间照明就会对道路两旁的城市绿化带植物产生影响。由于景观植物的种类多，各地城市的绿地植物也有所差异，因此大范围的研究是不现实的。在做这方面的研究时需要确定研究区域和研究植物，进行实地的调查与试验分析，才能够合理有效地反映夜景照明对某些景观植物的影响。

从光源方面出发，传统夜景照明的光源能耗大、运行成本高，前人的研究已经指出了这种方式的夜间照明会对植物造成严重的影响。城市光源设备的安排选用中通常会结合景观植物，但是绝大部分是出于设计和视觉方面安排的，而对植物的生长和生理的考虑是次要的；从景观植物方面出发，城市的植物景观设计的研究已经很成熟了，植物的选取要结合当地气候、居民生活以及生态环境的需求。这两部分在整个城市的规划建设过程中有重合但并不是着重考虑的部分，所以目前将夜景照明和城市景观植物这两部分的结合还是不够详尽，文献也较少。相较于光照对植物影响的研究，城市夜景照明这种植物额外照明方式考虑得较少，仅有的研究也只是很宽泛地描述了光污染的影响，并没有深入到具体植物的品种、影响程度。研究内容也处于一种初期定性和某些生理指标定量化描述阶段，并没有发展到用先进技术和手段进行研究方面。

城市夜景照明已经成为城市发展中非常重要的一个环节，已有的城市照明体系可能并未考虑它对景观植物的影响，所以要改变城市夜景照明对景观植物的影响单从照明设备或者植物种类入手是难以完成的。更需要规划部门在规划设计初期将该研究纳入设计之中，既需要能让夜景照明继续发挥它的作用，也需要减少其对景观植物本身生长发育的影响。

笔者准备在此后的研究中，确定研究范围，进行实地调查取样，利用先进仪器设备采集数据（叶绿素荧光成像、热释光、热耐受等仪器），统计分析然后定量给出具体的某个城市夜间照明对不同景观植物的影响程度。先进行某个区域的研究，然后扩大进行归纳总结。考虑从 LED 光源入手研究，因为 LED 作为新型光源在植物生长领域已经有了长足的发展，城市夜景照明也在大力发展 LED 光源。所以分析某个地区 LED 光源对一些景观植物生长的影响成为笔者下一步研究的重点。

第三节　环境对园林植物生长发育的影响

随着我国经济社会的不断进步与发展，对园林投入了更多的关注。由于园林植物与其他植物生长发育过程大致相同，依赖于周边环境、温度等自然环境。环境对园林植物生长发育过程有直接影响，包括光、温度、水分以及土壤因子等。本节通过简要阐述环境构成的概况，展开对环境因子、土壤因子及其他因子对园林植物生长发育影响的探究，以期对我国未来园林植物生长发育过程的完善提供参考依据。

园林植物大多以观赏性为主，而其对环境的适应能力也是其需要考虑的重要因素之一。由于光、温度、湿度等外界环境直接对园林植物的生长过程产生影响，而园林植物的种类又在不断增多，因此，需要加强对环境因素的考虑，从根本上为园林植物的生长发育过程提供一个稳定、适宜的环境。

一、关于环境构成的概况

环境因子是构成环境的主要组成部分,而其中对园林植物生长发育过程产生直接影响的环境因子又被称为生态因子。将生态因子细化又可分为气候因子、土壤因子、生物因子以及地形因子等。气候因子主要包括光、温度和湿度;土壤因子指的主要是土壤母质以及化学性质等特性;生物因子指的主要是动物、植物以及各种各样的微生物;地形因子指的主要是地形、坡度以及园林植物生长海拔等。正是这些复杂多样的生态因子,相互组合共同构成了一个完整的生态环境。

在上述各项因子中,无论是水分,还是土壤等都是园林植物生长发育过程中必不可缺的环境因素,其直接影响着园林植物生长发育的状态。

二、环境因子与园林植物之间的关系

(一)园林植物受光照的影响

光照强度是影响园林植物生长发育的重要因素之一,在建设园林景观时,设计师应当充分了解施工现场的光照情况,对园林植物种类进行选择与分类。耐阴性和耐阳性植物之间存在着较大差异,耐阴性园林植物往往具有更长的生长周期;耐阳性园林植物往往生长速度快,但寿命短,因此,需要合理搭配两种园林植物。

光照长度对园林植物的生长发育产生直接影响,包括园林植物的开花情况、营养生长以及休眠等方面。据调查结果显示,调整园林植物受到光照的时间,可影响其生长速度和生长周期。经试验结果显示,在较长的光照下,园林植物具有更短的生长周期,生长速度就更快;而在较短的光照下,园林植物不仅会生长较慢,而且可能直接进入休眠状态。

(二)园林植物受温度变化的影响

温度也是园林植物生存和进行各种生理生化活动的必要条件之一,包括其整个生长发育过程和其地理分布情况等都会受到温度条件的影响;温度对园林植物的影响在园林植物生理活动等各个方面都有较为明显的体现,部分园林植物种子成长的必要条件就是适宜的温度。适宜的温度条件不仅能够促使种子更快地进行吸水膨胀,而且还能更进一步为其酶的活化提供有利条件,保证种子内部的生理生化活动具有充足的动力,为园林植物种子能够顺利发芽生长提供保障;园林植物具有区域性的差异要求,尽管在北京地区范围内,仍可以根据园林植物对温度的不同需求进行区域划分。比如常被种植与靠近路边的沙地柏可以适应较高的温度,而在湿地园林生长的玫瑰、丁香等就难以适应高温。

（三）水分对园林植物的作用

1. 水是所有生物赖以生存的重要环境因素

水对各种生物、植物的生长发育产生重大的影响，因此，属于构成园林植物的重要组成部分。据调查结果显示，多数园林植物内含有约 50% 的水分。水分充足是园林植物体内生理活动能够正常进行的基础，园林植物在面临水分缺乏的问题时，常常会出现快速衰老或直接死亡的状况。

2. 北京地区有许多湿生园林植物

湿生园林植物最重要的特征就是对土壤含水量有较大的需求，甚至树种的正常生长发育需要在土壤表面有积水的条件下进行。这类园林植物往往需要充足的水分，且耐旱能力较差。

三、土壤因子与园林植物之间关系

土壤是种植园林植物的基础，其为园林植物的生长和发育提供必要的水分以及营养元素，为园林植物的正常生理活动提供保障。母岩、土层厚度、土壤质地等土壤要素都会对园林植物生长发育产生重要影响。土壤厚度与园林植物的根系分布有密切的关系。在土壤厚度较大的环境中，植物根系分布深度较大，同时，吸收养料以及水分较强，具备更高的抗逆和适应能力。反之，植物生长情况较差，容易早衰或者死亡；土壤质地也与植物生长以及发育有不可分割的联系。肥力与含氧量都是土壤质地的关键指标，这些指标也影响着植物的生长以及机能。在土壤含氧量为 12% 的环境下，植物根系才能够保持理想的生长状态，所以，在多数园林植物生长过程中，需要保持土壤的肥沃以及土质的疏松。在疏松的土壤中，肥力较高、微生物的活性也较高，能够分解较为丰富的养分，因此，在分析土壤对园林植物生长发育影响时，需要找到主要因子，并充分结合多方面因素展开园林植物适应性研究，比如，土壤含氧情况、酸碱度等主导因子，对园林植物生长发育起着决定性作用。

四、其他环境因子与园林植物的关系

（一）地势

虽然地势条件不会对园林植物生长发育产生直接影响，但是由于地势会造成园林植物生长地区海拔、高度、坡向以及坡度大小等差异，而这些可以通过气候环境的变化而影响北京地区园林植物的生长发育过程：山坡的不同方位都会对气候因子造成不同程度的影响，据调查结果显示，往往南坡由于受到更多的光照，会存在土壤较干燥的状况；而北坡就与之相反，气候环境就较为潮湿。

（二）风力

风力对园林植物生长有多方面的影响，大体上可以分为两个方面：有利的一面，微风不仅可以促进园林植物四周的气体交换，进一步为植物蒸腾作用提供便利条件，还能间接地调节地表温度以及减少病原苗传播，此外还能通过风来进行花粉的传播等；不利的一面，最为突出的矛盾就是当风力较大时，很可能破坏植物，导致其出现变矮、弯干、偏冠等不良现象，甚至严重时，还能导致嫩枝、花果被吹落，园林植物被倒伏、整株被拔起。

（三）生物

在园林植物生存环境中除了上述因素之外，还不可避免地会存在各种动物，甚至是人类。无论是低等动物，还是高等动物在进行生命活动时，都可能对园林植物造成影响。比如，动物来回行走可能导致园林植物树枝折断、花果散落等。

5 环境对园林植物的影响

环境中光照、空气等都会对园林植物生长和发育造成直接影响，而且这些因素缺一不可，是共同构成园林植物赖以生存环境的重要因子。由于环境中的这些主导因子都直接决定在园林植物的生存发育状况，在其任何一个生长发育时期都发挥着决定作用。北京地区种植有热带兰花，这种植物喜高温高湿环境，而仙人掌喜高温干燥环境，尽管对空气湿度的要求不同，但这两种植物都必须是以高温环境为基本条件进行生长发育的。

无论是光环境、温度、湿度，还是土壤因子，这些环境因素都直接对园林植物的生长发育产生影响。根据园林环境的实际情况进行植物种类的选择，才能充分发挥环境的作用，促进园林植物的健康生长和发育，因此，如何在适宜的环境内种植适宜的园林植物，成为现阶段园林行业的研究重点之一，需要不断展开探讨，并积极分析讨论结果并加以应用，从根本上为园林植物生长发育过程提供保障。

第四节　气候因素对野生植物生长的影响

目前全球平均温度已经达到14.3℃，温度上升0.6℃，这与人类活动引起地球上CO_2含量不断增加有密切的关系。根据相关研究分析可以发现，20世纪90年代大气层中的CO_2含量是350μmoL/moL，比工业革命时期大气层CO_2含量增加了70μmoL/moL，变化明显。值得警惕的是，CO_2的实际浓度还处于不断增加的趋势，按照目前检测到的CO_2排放量，21世纪中后期时大气层CO_2含量将会是现在的2倍。由此可见，地球气候环境在未来还将处于一个继续变化的动态过程中。野生植物是地球生态系统的重要组成部分之一，其兴衰存亡会直接影响到地球生态系统的稳定与否，而全球气候变化影响到的范围越来越广泛，已经对野生植物的生长甚至生存造成了剧烈的冲击，无论是陆地还是海洋，野生植物的生长都在发生明显的变化，且已经引起了人类广泛关注，并展开了相应的研究工作。

一、气候变化与全球生态系统敏感度

根据现有的研究资料预计，气候因素的变化将会影响到全球陆地至少49%的植物群落，全球至少37%的生物区系也会受到影响。表现在卫星地图上的则仅是北半球的针叶林群落就会有90%甚至100%的变化，而地球陆地表面的植物景观将会发生重大变化，森林将可能退化成草原，草原可能退化成荒漠，而在中东、中国大陆、印尼、中亚以及印度南部等区域的生态系统受到的影响会相对较小。不能否认的是，气候变化已经打破了地球生物圈的平衡，地球面临的生态压力与日俱增，野生植物也面临激烈的生存竞争，在陆地景观发生变化的同时，人类也不得不进行相应的迁移活动。

二、气候因素对野生植物生长的影响

（一）植被分布变化

气候因素的变化会影响到野生植物的分布，随着地球气温的上升，仅我国大陆东北地区的暖温带与温带范围将可能进一步扩大，而寒温带范围会不断缩小，甚至在我国国土面积上消失，相应的植被的分布界限也会向北推移，森林面积大量缩减，而草原荒漠面积会不断扩大。

（二）植物物种灭绝加剧

气候因素的变化会对野生植物的生存造成严重的威胁，由于地球温度上升的速度处于历史最快的阶段，而野生植物虽然能够在外部环境变化中进行内部调整以更好地适应环境变化，但野生植物对气候环境的变化的适应性不强，并且在对气候耐受性的进化速度远远慢于当前气候环境的变化速度，因此与地球演变历史相比，野生植物的灭绝速度将会加剧。虽然植物可以顺着纬度方向向高纬度区域迁移，但是一旦迁移过程中遇到难以跨越的自然障碍，而且无路可退，那么还是会面临灭亡的危险，还有部分物种会选择向高海波区域迁移，但是与地面相比，山地的面积有限，在有限的空间野生植物聚集，面临的遗传压力也会增大，一旦退到山顶，将会无路可退，将会被能耐高温的物种取代。与此同时，气候变化造成的野生植物迁移还会使本土的野生植物面临外来物种的侵袭，在激烈的生态竞争中，本地物种如果竞争力弱，将会陷入灭绝的境地。

（三）气候变化影响野生植物物候节律变化

在地球上每一个物种都会对气候的变化做出不一样的响应，而随着全球温度的上升，已经有很多野生植物的物候发生了变化，比如，植物有了更长的生长季，春天与秋天野生植物的物候现象一个提前一个延后,这不是在一个地区如此,而是在全球都是这样,成为一种大趋势。野生植物无论是物候期的提前还是推迟,都可能会造成其他物种的入侵,本物种内部群落的组成与结构也会发生一定的变化,造成生态紊乱。虽然对于野生植物来说,有着更长的生长季会更有利于植物的生长发育,但是相应的花期也会缩短,植物传粉的成功率也会大大降低,对野生植物的物种繁衍造成严重威胁。已经有科学家研究证明,植物的花期发生变化,传粉者也会受到影响,如果植物花期提前1~3,将会有至少17%的传粉者面临食物短缺或者食物缺乏的问题,受影响的传粉者与花期提前的时间成正比例关系,可能会造成传粉者的数量减少甚至出现物种灭绝。而传粉者的减少会影响到需要进行有性繁殖的植物繁衍数目急剧减少,整个植物物种都会出现衰退。可以说,野生植物对气候变化做出的物候响应不仅会影响周围生态环境,而且还会对自身的繁衍造成负面连锁反应。

(四)气候变化影响植物多样性

气候变化对野生植物的多样性也造成了巨大的威胁。有科学家在模拟实验中得出结论,如果按照目前 CO_2 的排放情况,不采取相应的控制措施,那么如果地球在2100年温度上升4℃,地球上的植物多样性的水平将会直接减少9.4%,而如果各个国家严格执行《哥本哈根协议》,那么地球温度在2100年将会上升1.8℃,这种形势下预估的全球植物多样性情况与目前相比变化不会很明显。由于地球是个球体,不同纬度受到气候变化的影响也会表现出一定的差异性。温带地区与北极很多区域气候条件比较复杂,对野生植物来说会有更广阔的生存空间,而在亚热带和热带地区,一旦气候条件变化,植物的多样性将会受到明显的影响。造成全球温度上升的主要因素是工业时期发达国家快速发展排放了大量的温室气体,但他们却位于植物多样性受益区域,而在发展中国家,他们对全球气候变化的责任比较小,但却在植物多样性层面面临着巨大的损失。

(五)植物迁移之路被气候槽截断

生态圈中,无论是动物还是植物都会发生迁移,而在迁移的过程中,比如,向高纬度或者高海拔区域迁移,动植物会在地理环境的影响下陷入气候槽,海岸线等天然的地理屏障使得迁移之路被截断,无处可迁。当前地球上存在很多气候槽,比如在亚德里亚海与墨西哥湾的北部,在特殊的地理因素影响下,这里的植物前有海岸线,后有温度上升的气候环境,迁移无路。一般来说,气候槽的出现会造成当地物种生存的气候条件剧烈变化,对野生植物来说,除非能够适应气候的变化,否则将会面临物种灭绝的困境,而在某些地区由于气候变化的速度比较慢,会形成相当长的气候停滞期,在这里植物分布密集。

人类活动引起气候环境的剧烈变化已经深刻影响到野生植物的生长,地球上很多野生植物已经消失了踪迹,在未来,很多植物只能在教材中存在了,野生植物保护工作刻不容缓,需要将全球气候变化与野生植物保护工作联系在一起,建立相应的野生植物保护机制,保护生态圈植物多样性,从更长远的角度来维护野生植物生长所需要的环境,真正落实对生物多样性的可持续保护。

第五节　城区土壤环境对园林植物生长影响

　　从养分、结构及侵入体等方面总结了城区土壤的特点，分析了其对植物生长的影响，最后针对性地提出了适地适树、改土适树及加强管理等措施来提升苗木长势，增强景观效果。

　　土壤是城市生态系统的重要组成部分，是城市园林绿化必不可少的物质条件。土壤环境直接影响着城市园林绿化建设和城市生态环境质量。园林景观和绿化效果直接表现为园林植物的生长状况，人们通常重视园林植物的生长情况，而对园林植物的生长基质——土壤及其质量管理考虑较少。随着城市化建设的发展，人类活动日益频繁，城区土壤的自然性状发生了很大改变，影响了园林植物正常生长，无法形成良好的观赏效果，难以构建良好的生态环境和景观。土壤环境已成为制约园林绿化效果保持和品质提升的瓶颈。

一、城区土壤主要特点

（一）土壤养分匮缺

　　长期以来，在园林绿化管理中，为了景观和防火需要，都会将死树、修剪的枝叶、自然落叶、残花等清除出绿地，移至城区外，造成城区土壤养分元素自然循环受到破坏，不能像林区自然土壤那样进行养分循环。加上目前城区园林绿化基本上是粗放管理、施肥针对性不强，使得土壤养分贫瘠，性能下降，严重影响植物生长。

（二）土壤密实、结构差

　　城市人口密集，交通发达，人流车流量大。由于人为践踏和车辆碾压等原因，造成土壤结构破坏严重。土壤有机质含量低、有机胶体少，在机械和人的外力作用下，土壤中土粒受到挤压，使土壤密实度提高，破坏了通透性良好的团粒结构。较自然土壤而言，城市土壤紧实，容重大，孔隙度小，因而不利于植物生长。

（三）土壤侵入体多

　　由于建筑等人为活动产生了大量的垃圾，若清运不及时，相当一部分垃圾就会侵入土壤各层；管道等地下构筑物占据了部分地下空间，使土壤固、液、气三相组成，孔隙分布状态和土壤水、气、热、养分状况发生改变，从而破坏了植物正常的生长环境，从而影响植物生长。

二、城区土壤对园林植物生长的影响

（一）土壤养分对园林植物生长的影响

城区内植物的落叶、残枝，常作为垃圾被清除运走，难以回到土壤中，使土壤营养循环中断，土壤中有机质含量很低。有机质是土壤氮素的主要来源，有机质减少直接导致氮素减少。植物需要的营养元素，大部分由土壤供给。城区土壤养分匮乏，使城区植物的碳素生长量大为减少，加上通气性差和水分匮乏等因素，使城区植物较郊区同类植物生长量低，其寿命也相应缩短。

（二）土壤密实度对园林植物生长的影响

城区土壤密实度显著大于郊区土壤。土壤密实度增高，土壤通气孔隙减少，土壤透气性降低，减少了气体交换，导致树木生长不良，甚至使根组织窒息死亡。随着土壤密实度的增加，机械抗阻也加大，妨碍树木根系延伸。根系延伸受阻，使树木的稳定性减弱，易受大风及其他城市机械因子的伤害而产生倒伏。植物根系在密实的城区土壤中生存，生理活性降低而寿命缩短，易出现烂根和死根，而地上部分得不到足够的水分和养分，会呈现枯梢和焦叶。

（三）土壤水分对园林植物生长的影响

植物所需水分主要来自土壤，而土壤水主要来自大气降水和人工补水。土壤含水量多少，与土壤渣砾含量、土壤密实状况、地面铺装和距地表水远近、地下水位高低等有关。由于城区土壤密实度高，含有较多渣砾等夹杂物，加之路面和铺装的封闭，自然降水很难渗入土壤中，大部分被排入下水道，致使自然降水无法满足植物生长需要。

（四）土壤空气对园林植物生长的影响

土壤中的氧气来自大气。城市土壤由于路面和铺装的封闭，阻碍了气体交换，土壤密实，贮气的非毛管孔隙减少，土壤含氧量少。植物根系是靠土壤氧气进行呼吸作用来维持生理活动的。由于土壤氧气供应不足，根呼吸作用减弱。严重缺氧时，植物进行无氧呼吸而产生酒精积累，引起根中毒死亡。同时，由于土壤氧气不足，土壤内微生物繁殖受到抑制，靠微生物分解释放养分减少，降低了土壤有效养分含量和植物对养分的利用，甚至直接影响植物生长。

（五）土壤侵入体对园林植物生长的影响

当土壤中固体类夹杂物含量适中时，能在一定程度上提高土壤（尤其是粘重土壤）的通气透水能力，促进根系生长；但含量过多，会使土壤持水能力下降。同时，渣砾本身占有一定体积，从而降低土壤水分的绝对含量，常使城市植物的水分逆境加剧。随着夹杂物含量增加，土壤所给总养分相对减少。某些含石灰的夹杂物可使土壤钙、镁盐类增加，土壤酸碱度增高，这不仅降低了土壤中铁、磷等元素的有效性，也抑制了土壤微生物的活动及对有机质的分解，从而导致土壤保肥性逐渐变差。

三、管理对策

（一）适地适树

在城市绿化工作中，根据不同地段土壤的厚度、结构、质地、养分、pH值和植物的生态适应性栽植不同的植物，做到适地适树。严格选择适宜和抗逆性强的树种：①在紧实土壤或窄分车带上（带宽小于2 m），要选择抗逆性强的树种栽植；②在湖边等地下水位高的绿地上，要选择喜湿树种栽植；③在偏盐碱的绿地上（含盐量大于0.3%或酸碱度大于8），要选择耐盐碱树种栽植；④在楼北绿地上，要选喜阴、萌发晚的树种栽植。

（二）改土适树

（1）合理施肥，增加土壤养分。合理施肥能提高并平衡土壤中的矿质营养和有机营养，恢复土壤微生物活力，提高土壤保肥、供肥和自净能力，减少养分流失和挥发，提高养分利用率。分析土壤养分状况和植物对土壤养分需求，然后针对性进行施肥。通过有机肥、生物肥以及多元素配方化肥的科学组合施用，进而满足植物生长需要。对酸性或盐碱性较重的土壤，须先进行土壤改良。

（2）合理施工，改善土壤通气状况。为减少城市土壤密实对植物生长的不良影响，除选择一些抗逆性强的树种外，还可通过往土壤中掺入碎树枝和腐叶土等多孔性有机物或混入少量粗砂等，以改善通气状况。在各项工程建设中，应避免对绿化地段的机械辗压；对根系分布范围的地面，应防止践踏。

（3）及时浇水，调节土壤水分。根据土壤墒情，做到适时浇水，以满足植物对水分的需求。在浇水方法上，可根据土壤类型确定。保水差的土壤，浇水要少量多次；板结土壤，应在吸收根分布区内松土筑埂浇水。

（4）适时松土，改善生存空间。为减少城市构筑物对植物生长的不利影响，需要对植物有限营养面积内的土壤进行分期分段深翻改良和进行根系修剪，同时选浅根地被植物和改进植物配置，以减少共生矛盾。为改进城区街道植物生存空间过于狭小的状况，应合理设计道路断面。

（三）及时换土

建筑工程、道路施工将土壤表层全部破坏，使得土壤表层大都是建筑垃圾、石块以及心土。土壤养分缺乏、性能较差，需要进行换土。若是植物草坪或花坛就进行全面换土，换土厚20~30 cm；单种树木，可用大穴换土，树穴换土厚度在60~120 cm。换土时应注意客土来源、土质及公共卫生情况，要选择结构良好、土质疏松、中性弱酸、富含有机质和土壤养分的土壤，同时适当加入山泥、泥炭土、腐叶土等混合有机肥料，使之符合绿化种植的要求。

（四）加强苗木管理

俗话说"活与不活在于水，长好长坏在于肥"，水肥的管理对于绿化苗木生长至关重要。然而对苗木自身管理，如修剪、除草、病虫害防治等同样具有举足轻重的作用。众所周知，"三分种七分管"，种是短暂的，而管是长期的。要长效保持绿化效果，在保证充足的水肥前提下，还必须及时修剪、除草并进行病虫害防治，且要以防为主、防治结合。只有长期的精心养护管理，才能确保各种苗木成活和保持良好长势；只有保证植物生长健壮、绿地洁净美观才能给人们带来美的享受，才能发挥绿地的功能和作用，否则，园林绿化景观效果难以显现和保持。

第三章 资源监测的基本理论

第一节 水文水资源监测现状及解决对策

水文资源不仅能够满足经济社会发展需要，还能够在防汛抗旱、生态环境保护等方面发挥重要作用。虽然我国水资源较为丰富，但随着人口剧增和经济发展，人们对水文水资源的需求量激增，水文水资源短缺问题日益明显，严重制约了我国经济社会的正常发展，因此，相关部门需要根据中国水文水资源的实际情况加强监测设施建设，加大在水文水资源监测中的科技应用力度，随时掌握其发展动态，提升水文测报和服务能力，从而促进我国水文水资源充分发挥作用。

一、概述

广义的水资源，是指地球上水的总体，包罗大气降水、河湖地表水、浅层和深层的地下水、冰川、海水等，而狭义的水资源，是指与生态体系、人类存在和发展紧密相关的、可以掌握的而又逐年可以获得恢复和更新的淡水，其补给为大气降水。水资源的特点有活动性、有限性、可再生性等。我国水资源分布不均匀，总的来说时空分布不均匀、年际和地区变差系数较大。我国南北方水量差异、雨量季节差异，充分反映了水资源的不均匀性。

为了解决水资源分配不均匀问题，通过筑坝和河流改道给人类带来了巨大利益，但对单一的水生态系统产生了巨大影响，这些建设项目的成本很高，而且改变了当地河流的形态，迫使当地人口迁移，造成邻近生态系统发生了不可逆转的变化。

目前，我国水污染状况严重。水污染主要来源于工业污染和生活污水排放。大多数地区 80% 的工业生产污水和居民生活污水，在没有任何处理的情形下直接排向天然水域，特别是很多中小型矿业等。现阶段，我国多数水域长期处于严峻污染的状态。

水文水资源的重点是监测与分析评价水资源的质量状态和变化规律，为国家和各部门开发、控制、管理和保护水资源提供科学支撑。多年来，水文和水资源工作为水资源开发、控制、保护和管理提供了大量可靠、准确的科学依据，发挥了不可替代的产业作用，取得了巨大成果，但是，水文水资源监测工作成长还不均衡。当前，洪涝、水资源欠缺、水情形恶化问题，仍然是制约社会经济发展的重要因素，特别是水资源欠缺问题。例如，节水问题、对污水的控制措施、水资源的设置装备安排、水权水市场的建立等。没有水资源监测基础资料的支撑是不行的，它是水资源管理、保护、设备配置和调度的技术保障，是经济社会和水利工作对水文工作提出的新要求，是水文水资源监测的延伸和拓展。

二、水文水资源监测的特点

水文水资源监测工作与防汛抗洪、保护生态环境有着密切关系，可以说与人的生命财产安全息息相关。总体来说，水文水资源监测具有以下特点：①水文监测实时性较强。当发生突发事件如洪水时，水文监测可以及时监测洪水流量、速度等信息，并对其进行有效的快速传达，使人们能够根据实时掌握到的情况制定相关对策与调度工作；②水文水资源监测的范围较广。由于水文监测对象包括各种河流，而河流会流经各省份地区，广泛分布在山区与乡镇中，因此水文监测地域范围较广；③水文水资源监测具有很强的随机性。由于在监测过程中水资源存在较多不稳定因素，监测过程中要综合考虑多方面不确定因素与意外情况进行监测与应对；④水资源监测具有很强的系统性。水资源监测过程中，监测与记载具有规律性和循环性；⑤监测具有标准性。在水资源监测过程中，需要根据一定的技术标准进行监测。

三、水文水资源监测的作用

（一）有利于管理水资源

首先，通过监测水文水资源可以对某一区域或流域水资源的发展趋势进行研究，根据水资源的流量、流向、承载能力等，合理制订当地经济发展计划，合理调整产业，有效促进当地经济发展；其次，做好水资源监测工作有利于开展良好的水资源调配工作。由于我国国土面积较大且地形复杂，不同地域之间水资源分布不均匀，通过监测可以从宏观上掌握不同地区间的水资源状况，以进行合理的地下水和地表水调配，充分发挥水资源的作用，还可在水资源调度过程中进行实时监测分析；最后，在水资源管理中，取水许可、水权转让等涉及较多复杂内容，通过有效的监测能够提供科学合理的信息，为水资源管理提供更加准确的依据。

（二）有利于保护水资源

首先，随着我国经济快速发展，水资源污染愈发严重，很多河道出现了不同程度的污染，严重影响着人们的生活。通过水文监测能够及时掌握水质情况，若发生水体事故还可快速发现与应对，为人们的生产生活提供优质用水。另外，通过实时监测水资源能够掌握水资源规律，并对未来开展合理预测。例如，洪水、泥石流这些自然灾害具有突发性，通过及时监测水资源，能够有效提高预防灾害的效果，进一步做好防范措施，为灾害管理工作提供支持。

四、水文水资源监测现状分析

（一）水文资料不完善

在水文水资源监测过程中，人们普遍忽视了水文资料的重要性，在日常工作中缺乏对资料数据的收集与整理，导致在调用历史数据进行对比分析时出现困难。随着科学技术的不断发展，传统的资料整理工作形式已经逐渐被淘汰。目前，水文资料普遍由电脑进行计算整理，但计算机并不能完全代替工作人员的作用，在观测一致性监测和原始资料检查上都存在一定的问题，特别是在遇到上下游水量存在偏差时，计算机无法进行有效对比。

（二）相关技术设备不完善

水资源监测技术设备完善，是确保水资源监测工作有效开展的前提。水文监测设备落后，容易导致监测站监测不准确。在实际工作中，水电站的相关技术设备存在一定问题，没有与时俱进地更新设备，存在滞后性，不符合当前监测的要求，导致对水资源监测不准确，不能充分发挥监测作用。此外，更新设备需要投入大量的物力与财力，而监测站的建设与设备引进都需要经过层层审批来得到国家的财政拨款。由于审批过程较为复杂，新设备并不能及时就位。新设备在更新换代的同时，也需要工作人员及时学习新的操作方法，提高操作熟练度，但是，目前一些工作人员专业素质欠缺，在操作过程中经常出现失误而影响监测精确度。同时，这些精密仪器也需要日常维修保养，如果缺少保养，一旦出现问题，将影响水文水资源的正常监测进度。

（三）监测工作受外界因素影响

当前，我国很多地区对重要河流及大型水库进行了防护处理，建立起很多橡胶坝和拦河坝，这些未经仔细考量的措施已经影响了正常监测工作。这些工程通过闸门控制流水量，影响了同期水位的流动情况，使水文要素发生改变，进而影响水文水资源监测工作的有序开展，出现了许多不可控因素，从而直接影响对水文资料的分析和水情信息的提供。

五、水文水资源监测措施

（一）加强水文水资源基础设施建设

随着社会、经济和科学技术的不断发展，全球化资源共享不断完善，科学技术成为水文水资源监测的有力支撑。为有效提升水文水资源监测的精确度和时效性，需要不断引入先进的科学技术，及时升级完善监测设备，缩短监测时间。例如，微机测流系统、遥测系统、网络在线监测系统等先进技术的应用，极大提高了水文水资源监测效率和精确度，节约了人力和物力。在设备及技术引进过程中，也需要提高操作人员的专业技能和操作熟练度，降低工作失误率，另外，需要建立日常维护系统，定期维护监测设备和监测系统，并做好详细记录，提高监测系统的智能性和自动预报能力。国家及地方政府要根据当地水文水资源监测实际情况，对其给予适当的财政支持。

（二）降低外界影响

水文水资源的监测工作容易受人为因素影响，因此在当前工作中要采取科学有效的方法降低堤坝对水文水资源监测的影响。各个监测站要明确自身职责，工作人员要做好详细的监测记录，熟悉掌握相关汛期规律，利用这些规律开展针对性较强的监测措施，保证监测工作正常开展。相关管理部门也需要做好整理研究工作，如仔细研究测试方法，确保各个监测站监测工作科学有效开展，进而提升监测质量。政府和相关部门应充分听取水文水资源监测部门的意见和建议，做好发展规划。水利工程设计前，应当与当地水文水资源监测部门密切联系，做好前期勘察选址工作，避免水利工程影响水文水资源监测正常运行。当建设水利工程无法避开水文水资源监测设施设备时，政府和相关部门及施工单位应联合水文水资源监测部门对水文水资源监测设备设施进行搬迁或修复。

（三）提高从业人员综合素质

在庞大复杂的水文监测系统和监测工作中，监测人员起着重要作用，因此，需要提高监测人员的监测意识与服务意识，使其意识到自身修养对水资源监测工作的重要性。要注重对监测人员的理论业务知识和技能培训，确保其能够迅速掌握新技术、熟练操作新设备。监测水文水资源信息应该在国家法律允许范围内保证其公开化与透明化，使人们可及时了解水文水资源相关信息，为全社会提供共享资源。此外，广开才路，大量吸收年轻有为的大学毕业生，探索"校企结合"和"产学结合"的模式。水文水资源监测部门与各所高校联合办学，相互联动，探索"研究性教学"模式。水文水资源监测部门将先进的科学技术带入校园，拓宽在校师生的知识面，而高校师生为水文水资源监测提供坚实的理论后盾和储备人才。为提高从业人员的工作积极性，相关部门应联合改革管理制度。建立能上能下的职称晋升制度，做到奖罚分明，广开言路，上下级贯通联动，以充分调动基层从业人员的工作积极性，最后，需要重视对水文监测人员的思想道德建设，使其意识到不认真工作的危害性，培养工作人员的责任感与使命感，树立大水文理念，敞开心胸，接纳新事物、新科技。

（五）重视水文资料建设

水文水资源监测资料对于制定水资源管理措施、水污染防治和防洪抗旱减灾发挥着重要作用，因此，在日常工作中，相关部门和单位必须意识到水文资料的重要性，提高从业人员对水文资料重要性的认识。在工作中，监测人员必须尽职尽责，坚守岗位，严格按照国家和相关部门出台的各相关标准、规范、规定做好原始记录，整理并归档管理。需不断完善计算机系统，提高计算机编制水文资料等文件的质量水平。各从业人员需要引入科学手段，仔细分析各个水电站测量到的水位流量、泄洪曲线、上下游水量等。计算机编制完成后,需要工作人员对资料进行详细审核,确保计算机编制的精确性。这样不仅能够提高工作效率与准确性,还能有效减少工作人员劳动量。

生产生活离不开水资源。当前,我国水文水资源受到严重污染,制约了我国经济的持续健康发展。水资源的合理开发利用及优化配置,可以有效解决我国当前水资源短缺的问题。通过水文水资源监测工作能够及时发现存在的问题,促使工作人员制定合理的解决措施,因此,水文水资源监测部门及其工作人员必须加强对水文水资源先进理念和技术的学习,深入分析当前水文水资源现状,遵循水文水资源发展规律,严格恪守"水资源三条红线",深入领会和贯彻"绿水青山就是金山银山"的发展理念,制定合理的具体措施,有效提高监测水平和监测质量,实现水资源的合理开发与充分利用,最终促进社会的持续健康发展。

第二节 基于 3S 技术的森林资源监测

森林资源监测对社会经济发展起着十分重要的作用。为了有效实现森林资源监测的高效智能、功能集成化、动态实时性等,提出了有关森林资源监测的目标和技术要求,研究基于 3S 的森林资源监测技术,从而提高森林资源监测工作的实时化和准确性,给森林保护提供依据。

在林业生产中,森林资源属于物质基础,人们通过生产活动,将自然资源变为各种林业产品。与此同时,森林又具有水土保持、环境保护、水源涵养的作用,在陆地生态系统中属于重要的组成部分。然而,受泥石流、火灾、乱砍滥伐等因素的影响,森林资源受到了一定程度的破坏。在这样的形势下,对森林资源进行实时、有效的监测,可以促进森林资源的发展,且具有十分重要的作用。

一、森林资源监测任务

森林资源管理工作的主要任务是控制森林的资源消耗,掌握森林资源的动态。进行森林资源的监测工作,就是预测与监督森林资源的减少或者增加变化情况,其目标是为了加强森林资源的监督和管理工作,掌握森林资源现今的情况和变化情况,预测发展趋势,可以将其使用在林业方针的制定方面,也可以使用在森林资源目标责任制的考核方面。森林资源与生态环境在功能方面具有多样性、在资源和环境方面具有动态性,因此,人们对其进行研究工作需要借助一些模拟模型、物理模型和数学模型,地图是人们最早使用在森林认识的模拟工具,使用 GIS 作为支持的电子地图,是人们进行森林研究的模拟模型、物理模型和数学模型。使用 3S 集成技术可以有效实现对地观测系统,使人们对环境功能、森林资源的认识可以建立在地球外,达到森林资源监测的自动化、数字化、动态化、智能化以及集成化。

二、森林资源监测技术要求

（一）集成化

伴随森林资源的监测功能变得越来越丰富，检测技术集成化也有了新的要求。以往的监测属于分离式或者离散式的测算、绘图与用图的过程，每一个环节都相互独立，没有一定的联系。例如野外监测可分为水准、量距、测角三大要素的监测工作。现代的监测属于集成的森林资源监测技术，具有集成化的特点，现代的电子监测仪器在森林资源的监测工作中起着十分重要的作用，例如 GPS 接收机、全站仪等，属于能够对空间三维坐标进行直接监测的集成化的仪器，但全站仪、GPS 在监测工作中还存在一些局限性，为了有效解决所有环境下的空间监测，21 世纪还会出现超站仪，有效解决各种空间的森林资源监测的问题。

（二）动态化

由于灾害频繁发生，森林资源变化呈现动态的趋势。以往的森林资源监测工作，基于观测目标固定的条件上，数据处理和技术要求比较简单，到现今的森林资源监测，已经超出了土木范围，服务对象进入到监测的大系统中，能够对一切的运动物及数学特性、物理特性、化学特性以及生物学特性的指标进行相关的监测。

（三）数字化

以往的森林资源监测把终点设立在模拟地形图基础上，在森林资源监测的过程中，将会出现大量的数据，使用这些数据有利于分析资源变化情况，为管理人员开展工作提供科学、有效的依据。以往监测内容没有实现时，通常把原因归结为监测人员野外的观测精度存在误差。使用数字化的森林资源监测技术，可以有效提高数据在测量环节、采集环节以及传送环节的效率，从而确保森林资源变化监测工作的准确性和时效性。

（四）自动化

以往的森林资源监测，需要耗费大量的人力和物力进行野外探测工作，并做好相应的记录，不仅花费了许多的精力，并且难以满足多变的森林状况的要求，因此，需要使用具有自动监测和自动控制功能的技术，才可以有效提高森林资源的监测效率，并起到节约成本支出的作用。

（五）智能化

伴随森林资源的系统和监测技术不断发展，如何帮助使用人员更加方便地使用这些技术，是现今监测发展的新要求，而智能化的技术就能够满足这项要求。通过在森林资源的监测系统内使用人工智能技术，能够有效提高监测工具的使用和操作。在监测的过程中具有便利性和协作性，给监测系统的推广使用打下了良好的基础。与此同时，GPS、全站仪也已经朝着开放式、智能化的方面不断发展，给森林资源监测的智能化提供了一个良好的平台。

三、基于3S技术的森林资源监测

（一）遥感技术

使用遥感技术来调查森林资源和监测森林资源的动态变化，可以使森林资源信息变得综合化，是现今森林资源管理过程中一个重要的部分。遥感技术有着观测面积广、多波段成像、周期性等特点，作为一种技术手段，已经被广泛地应用于森林资源的动态监测中。航天遥感图像的信息数据是陆地卫星的TM数据，联系地面调查数据的辅助图像进行相应的处理工作，建立起数学模型，使用计算机进行遥感应用模型的研究分析，有效监测森林资源动态。

（二）地理信息系统

地理信息系统属于集成多项技术，使用地理要素作为数据源的属性、图形以及空间调查的一种软件系统。现今已经广泛使用在森林系统中，总的来讲，地理信息系统属于一个由计算机支持的系统，是外部设备、计算机、应用软件、地理数据等的集合，其中，空间分析功能具有十分重要的作用。地理信息系统属于地学知识和地理数据库的集合体，其数据建立于地理坐标的条件下，可以对自然资源和地理环境的信息进行有效管理，通过使用地学模型，对空间数据进行分析，有效预测动态变化情况，从而实现规划服务和生产管理。

（三）全球定位系统

全球定位系统给森林资源的有效保护与动态监测提供了良好的技术手段。高精度的卫星导航的使用，已经从以往的测绘行业朝着动态控制、精细管理以及森林保护的监测方面转变。使用GNSS参考站接收机以及各种移动应用的终端，能够有效构建森林监测工作高精度的位置服务系统和数据处理和存储系统，可以将其使用在多层次、大尺度、全方位的森林资源监测与控制体系中。通过有效整合各项信息数据，从而提高空间信息数据的共享能力，使用SOA面向服务的体系，有效提高林业调查信息化的效率，并且以此作为基础，给各类的业务应用系统的构建提供有效的技术支撑，加强林业业务的共享水平，提高林业信息化的服务水平。

本节分析研究了基于3S的森林资源监测，了解森林资源监测工作的任务和对监测技术提出的新要求，并且分析了基于3S技术的森林资源监测，希望能够加强森林资源的监测工作，从而促进森林资源的保护。

第三节 遥感技术促进水资源监测

遥感技术的广泛应用为水文水资源领域研究工作注入了新活力。本节简述了遥感技术的特点，分析其在助力解决地下水资源、江河源区地表水资源及洪涝干旱灾害等问题中的原理及应用现状，提出提升遥感数据精度，实现多传感器联合观测及提高对遥感数据利用能力等发展趋势。

卫星遥感技术的发展是人类对地观测的重大进步，为人类认识水循环过程提供了更为广阔而全面的视角，具有服务于水循环过程关键因素反演与流域水文模拟的巨大应用潜力。同时卫星遥感可以提供长期、动态和连续的大范围资料，为自然水的相互关系，水与人类的相互作用，以及全球/区域水文情势的监测、管理、立法等提供科学依据，为解决传统水资源难题提供有力支撑。

一、遥感技术特点

（一）探测范围大

遥感探测能在较短的时间内，从空中乃至宇宙空间对大范围地区进行对地观测，并从中获取有价值的遥感数据。这些数据拓展了人们的视觉空间，有利于宏观地掌握地面事物的现状，为地球资源及环境要素的分析创造有利条件。

（二）受地面限制少

遥感技术能快速地获取海量地表信息，对于自然条件恶劣、地面工作难以开展的地区，如高山、冰川、沙漠及沼泽等，或由于国界限制不易到达的地区，使用遥感方法较容易获取资料。

（三）获取手段多样化

随着航空、航天多种遥感平台及多种传感器不断发展，遥感数据获取手段趋于多样化和精细化，其遥感平台从传统的载人飞机发展到无人机，从低地球轨道卫星拓展到中高轨道卫星，还开拓了航天飞机、国际空间站等多种特殊平台。同时对地观测传感器系统也在不断完善，如从摄影系统到扫描系统，从被动传感器到主动传感器，从光学传感器到微波传感器等。空间分辨率、时间分辨率、光谱分辨率和辐射分辨率越来越高，数据类型越来越丰富，数据量不断增加，已经具有了大数据特征。

（四）应用价值高

从遥感数据中可挖掘出与人类生产生活息息相关的各类信息与知识。遥感技术已广泛应用于农业、林业、地质、地理、海洋、水文、气象、测绘、环境保护和军事侦察等领域，具有明显的社会、经济和生态效益。水文方面，遥感为全球和区域水循环研究及水资源管理中涉及的水文气象要素提供了新的技术手段，包括降水、蒸散、湖泊水库河流水位、土壤湿度、地下水、流域总水储量变化、积雪与冰盖等。此外遥感信息具有周期短、同步性好、及时准确和分布式等特点，能较好地满足水文模拟准实时、空间分布的需求，可通过与水文模型有效结合，模拟水文过程，研究水循环规律。

二、遥感技术应用与水资源监测

（一）地下水资源问题

传统地下水观测一直是一项很复杂的工作，常因为各种困难导致出现人工勘测数据不足、观测数据不准确等问题。遥感技术的应用为地下水资源调查和监测提供了新的探测手段。卫星遥感基于光学、被动微波、主动微波及多传感器联合反演土壤水分，为土壤水分信息的获取提供了有效手段。目前已有的卫星遥感土壤水分产品包括土壤湿度与海洋盐度卫星产品。美国宇航局 SMAP 计划（Soil Moisture Active and Passive）实现了主被动微波相结合的土壤水分观测和制图。利用全球导航卫星系统 GNSS（Global Navigation Satellite System）L 波段微波地表反射信号进行土壤水分估算现已成为一个新兴的研究方向。

面对人类活动导致地下水资源开采量日益增加，引起区域重力变化和地表沉降的问题，由美国宇航局（NASA）和德国航空中心共同研制的重力恢复与气候实验卫星（Gravity Recovery and Climate Experiment，GRACE，简称重力卫星）以其独特的观测方式对陆地水资源储量的变化进行观测。重力卫星观测陆地水储量变化的基本原理是万有引力定律，通过搭载的微波测距系统和全球定位系统（GPS）等仪器，精确测量（精度在 10 微米以内）两颗卫星之间的距离变化，从而反演地球重力场由于质量轻重分布所引起的变化。

基于热红外遥感的农田蒸散估算方法研究是农业遥感领域重要前沿课题之一。NASA 地球观测系统发布的全球 MODIS（Moderate-resolution Imaging Spectroradiometer）陆地蒸散产品（MOD16）已广泛应用于科学研究中，我国研发的环境卫星和风云卫星区域蒸散估算也已进入业务化阶段，为农业科学管理注入了新活力。

（二）地表水资源问题

相较于传统的地面监测手段，遥感可以大范围、快速、客观地获取地表水体信息，同时作为传统地面监测手段的有效补充。

对于河道断面流速、河宽等要素，遥感监测方法主要包括地基雷达监测和航空航天雷达监测。地基雷达监测是在水体岸边架设雷达设备，通过测量电磁脉冲在发射器和接收器间的传播时间差测量河段流速、河宽等过水断面参数的一种监测方式。航空航天雷达监测是利用微波遥感技术监测河流流速、水深、水面宽度等断面状态信息，并可结合地面实测数据，建立遥感经验关系模型或全遥感模型，推求流量数据。该方法更适用于人口稀少、位置偏远及气候条件较为恶劣的高寒地区。

地表水体的变化和地表水质多采用多光谱卫星遥感监测。对地表水体变化的监测原理是利用水体和其他地物在多光谱影像上的光谱特征的明显差异，以及在不同波段上的吸收和反射特性来突出水体。对地表水质监测的原理是通过监测水体吸收和散射太阳辐射的光谱特征，分析影响水体光谱反射率物质的光谱特征变化，建立相关水质模型，反演出物质的各组分含量，进而定量监测水质。

对于内陆水域水位变化的监测通常采用地面定点、连续观测的方法，人、财、物的成本较高。卫星上搭载微波雷达测高仪、辐射计和合成孔径雷达等设备，可测量卫星到水面的距离、后向散射系数和有效波高等参数，经过处理和分析后实现对水位的实时监测。

冰盖和海冰变化影响地球表面能量平衡，进而影响全球的天气和气候。近年来，卫星测高技术由最初对海平面变化观测，逐步向测量冰盖厚度及内陆水域水位变化监测方面发展，这对少/无地面观测资料的地区意义重大。传统雷达测高卫星如 Skylab、Geosat 和 Seasat 等足迹覆盖范围大，仅在海面或较大湖面等表面精度较高。冰、云和陆地高程卫星（ICESat）是 NASA 于 2003 年发射的第一颗专门用于测量极地冰量的激光卫星。ICESat 上搭载的地学激光测高系统用于地面测高及确定地表粗糙度，同时可以测定冰原质量平衡及对海平面变化影响，而后欧洲空间局发射了其第一颗冰探测卫星 CryoSat-2，支持以更高的分辨率探测冰盖和海冰变化。

（三）洪涝干旱灾害问题

科学有效的洪涝灾害监测和评估可为防灾减灾决策提供重要依据。目前国内外利用遥感监测洪涝灾害的方式有二：一是通过降水观测卫星加深对降水结构的认识，提升降水预测能力；二是准确快速提取下垫面、洪水淹没面积等洪水灾情信息。

全球降水观测计划（The Global Precipitation Measurement，GPM）是 NASA 和日本宇宙航空开发机构（JAXA）共同开发设计进行全球尺度的降水观测的国际卫星观测计划。GPM 的核心观测平台于 2014 年 2 月 28 日在日本成功发射，是迄今为止最先进的降水量测量卫星。卫星观测时间分辨率可达 30min，观测范围可覆盖全球陆地和海洋表面的 90%，且可分辨雨、雪等降水形式，GPM 核心观测平台上搭载了双频测雨雷达以及微波成像仪，通过对云结构和动力进行观测，可以更好地了解降水过程，也可以更频繁、更全球化地精确观测降水。

在洪涝灾害监测中，光学遥感数据中的空间分辨率比较高，故 MSS（多光谱扫描仪）、TM（专题绘图仪）、SPOT（地球观测卫星系统）等广泛应用于洪灾发生前土地利用信息的提取，为洪涝监测提供背景数据，而对于洪水淹没面积等需要近实时动态监测的灾情信息，需要有高时间分辨率的遥感数据进行补充。如风云三号 A 星（FY-3A）极轨气象卫星既有光学遥感又有微波遥感，有较高的时间空间分辨率，且不受各种天气状况的影响，具有全天候、全天时的监测能力。国家卫星气象中心成功地将 FY-3 遥感数据用于 2013 年 8 月 19 日的松嫩流域及绥滨洪涝水体监测。

目前卫星遥感监测干旱的种类主要包括基于地物反射光谱的干旱监测、热红外遥感干旱监测、基于植被指数和地表温度的干旱监测、基于蒸散的干旱监测、基于土壤湿度的干旱监测和干旱监测综合模型。总体而言是通过建立遥感获得的植被状况、地表温度、热惯量等参数与地面干旱监测指标如土壤湿度的关系来间接监测干旱。然而，干旱问题的复杂性以及卫星遥感技术存在的不确定性，导致遥感监测干旱技术在监测指标的普适性、可比性及实用性等方面还存在许多问题。AVHRR 数据是 1980 年以来各国进行卫星干旱监测的最主要的数据源。20 世纪 90 年代后，MODIS、AMSR-E 等新一代传感器升空以及我国风云等卫星的业务化运行，进一步推动了遥感干旱应用研究的进步和普及。

未来遥感水文学的发展仍有许多亟待解决的问题，如提升遥感产品时间、空间精度，解决遥感水文应用中的尺度问题；建立水循环要素立体观测体系，实现多传感器联合观测，多源数据融合的水资源观测；加强遥感信息与水文模型同化，实现遥感技术与水文模拟技术的无缝耦合等。遥感可以为水文学提供海量数据，提高对遥感数据的利用能力是发展的必然趋势。随着电子信息、计算机等学科的发展，遥感数据势必会在水文水资源研究中发挥更大的作用。

第四节 新形势下关于自然资源监测

党的十九大报告指出：坚持人与自然和谐共生。建设生态文明是中华民族永续发展的千年大计。党的十九大明确了自然资源管理的"两个统一"，旨在实现各自然资源的整体保护、系统修复和综合治理。习近平总书记在全国生态环境保护大会上明确提出了六项重要原则，坚持山、水、林、田、湖、草是一个生命共同体的系统思想。在经济高速发展的今天，部分地区一味追求经济增长，对自然资源资产无节制地开发和利用，造成生态环境的严重破坏，因此，在新形势下研究自然资源监测，对履行好"两统一"职责、促进自然资源合理利用和保护、提升自然资源对国民经济和社会发展的保障能力具有重大意义。

生态文明建设在一定程度上能够影响中华民族的发展，而且自然资源作为生态文明建设的基础，对自然资源开发和使用与生态文明建设有着很大的关系。自然资源调查与监测作为能够探清自然资源发展的重要管理手段，在某种程度上生态文明建设与自然资源管理有着一定的关系，同时也是全面建设生态文明的基础。

一、自然资源引领监测工作的开展

自然资源作为经济社会发展的核心要素、能量源泉和空间载体，为国家生态文明建设提供重要体制保障，亟需摸清整合自然资源信息，实现山水林田湖草整体保护、系统修复、综合治理。长期以来，我国自然资源管理工作一直分散在国土部门和住建部门，由各个部门进行分散式管理，在一定程度上没有形成统一的调查时间、调查方式以及调查标准，因此，存在一定的不足之处。

为了能够满足新形势下的生态文明建设，还需要进一步加大对自然资源的保护和使用，逐渐完善自然资源资产管理，健全生态环境监测的管理制度。十九大之后，我国重新组建了自然资源部门和生态环境部门，对我国所有自然资源实行全民所有自然资源资产所有者的职责，同时，还对生态环境进行了有效的修复与保护，对国土空间的使用进行了管制，对自然资源的集中统一管理，并对所有自然资源进行统一的调查评价、重新登记使用权限，统一用途管制，统一监测监管，对所有的资源进行统一的调整和修复，再有，对自然资源实行的统一调查评价就是以自然资源调查和评价为基础，全面掌握自然资源，使自然资源形成一张可移动的图，能够让所有人都知道，哪里能够开发和使用，哪里就需要我们修复与保护。

二、以自然资源调查结果为源头严防，为各项发展提供基础数据支撑

据自然环境综合统计表明，退耕还林、退耕还草、自然保护区与生态红线、土壤与水资源的污染防治等各项生态文明建设都是以土地调查数据为依据。在工作开展中，需要进一步落实自然生态的"源头严防"工作，同时还要建立自然资源资产产权的制度以及管理制度。要对国土空间进行有效地规划和修复，还要掌控好生态保护红线、城镇开发边界以及永久农田这三条基础控制线，同时这也是做好水资源污染和土壤污染坚固站中最重要的保障。另外，还要摸清农村土地的综合实用效率，努力开创新时代的土地管理和使用的局面，以此促进乡村的建设和发展。开展自然资源监测，为发展自然生态环境建设、统筹山水林田湖草的管理体系、生态文明建设、绿色发展等方面提供支撑。

三、新形势履行自然资源监测工作的有效策略

（一）加强建设，持续推进自然资源监测工作常态化

自然资源是国家发展的基本，更是制定国家发展战略和实施计划的基础，能够对国土资源进行有效的开发和使用，是推进自然生态环境发展和保护的基础。要对自然资源持续开展监测，以此能够完成对国情的监测工作，在开展工作时，要根据重点、难点以及热点等重大工程开展工作，使其具有专对性，并进一步加强对自然资源的监测和成果的应用。

（二）创新改革，积极探索自然资源监测评价体系

进一步收集林业、种植业以及水利部门等各项资源的调查结果，结合现有的自然资源

和调查结果，对各项问题进行专题研究，并对其进行有效的分类，实现自然资源的调查技术的设定。另外，还要对自然资源重难点的实现进行统一的规划与协调，先从一个区县为本次开展工作的区域，首先，要调查该县区域的林业、种植业、土地、水资源、草地以及湿地等，并对其存在的问题进行统一的监测评价，同时积极解决存在的问题，对该地区的自然资源进行有效地使用和保护。

（三）健全各项制度体系，进一步加强自然资源监测体系的建设

逐渐完善监测技术的各项标准、质量控制、内容指标以及各项产品服务等，根据实际情况逐渐完善监测工作的各项内容，做好信息发布、宣传工作、共享应用等工作制度。同时还要对自然资源保护地区的土地、永久基本农田进行有效地管理和调整，使其能够更好地发展。另外，还要整理清楚自然资源监测的工作清单，促进自然资源的建设和发展。

综上所述，在新形势下，我国自然资源正在朝着统一的方向发展，为了能够更好地促进资源的发展，必须树立和践行绿水青山就是金山银山的理念，坚持节约资源和保护环境的基本国策，像对待生命一样对待自然资源和生态环境，加强自然资源监测工作，服务于社会、建设良好的生态文明、服务于社会经济建设和自然资源建设，为共建和谐美好的生态环境共同努力。

第五节　国家级公益林资源监测评价

当前，由于人口的快速增长和经济的高速发展，生态环境受到威胁，公益林保护问题不仅关系到民生福祉，也事关国家发展前景。如何以更加有效的措施加强对生态环境的保护，得到了越来越多人的关注与思考。基于此，首先对国家级公益林资源监测评价体系应当具备的特征进行了分析，其次对国家级公益林资源监测评价体系的内容进行了思考，希望能够对相关工作者有所启发。

简单来讲，森林资源评估＝林业调查＋资产评估。近些年，森林资源资产评估在不断细分，从传统的林木、林地评估，向森林生态价值评估、森林景观评估等新型业务拓展，这是一个好的发展趋势。评价体系就如同一艘帆船上的舵，指引森林资源保护工作朝着正确的方向发展，越完善的评价体系就越有价值。近年来，我国提出"绿水青山就是金山银山"，表明国家对于生态环境的保护给予了足够的重视，而国家级公益林资源正是国家为了平衡生态效益和社会效益，提升人民生活福祉而建设的，对于维持生态平衡、促进社会可持续发展有着积极的意义，加强国家级公益林资源监测评价的重要性不言而喻。

一、国家级公益林资源监测评价体系

监测评价工作对推进国家级公益林质量提升，形成稳定、高效、可持续的森林生态系

统，建设生态文明和美丽中国有着重要意义。因此，必须建设完善而科学的监测评价体系。

（一）国家级公益林资源监测评价体系的基本标准

（1）客观性。客观性意味着评价体系应当尽可能地提供和使用无偏见、详细、可以被证实和理解的数据、信息。在监测评价国家级公益林资源的工作过程中，难免会出现许多主观的因素，这些主观判断和估计可能使工作质量的衡量得不出明确的结论。为了保证评价体系的客观性，要求尽可能地把衡量标准量化，量化的程度越高，控制就越有利、规范。

（2）经济系。为了尽量使评价完整、全面，很多人在筛选评价指标时，往往会认为多多益善。实际上，在筛选评价指标的同时，必须考虑为了获取信息所花费的成本。不可否认，收集到的信息越多，信息的质量越趋于提升，但是这将占用更多的实践、经历及资源。

（3）系统性。对于国家级公益林资源的监测评价工作而言，一项评价工作会受到多方面、多角度因素的影响，在进行评价时也应当贯彻系统思维，从多方面、多角度进行评价。

（二）国家级公益林资源监测评价体系的主要内容

（1）日常管理评价。一般来说，日常管理评价的基本内容应包括人员与组织、管理制度化建设、安全管理等。人员与组织主要是指对在职人员的任职资格、学历情况、工作表现等进行评价；管理制度主要是指对现行评价制度进行分析，重新审视各种规章制度，考虑是否与社会需求相符，是否有待改进；安全责任大于天，安全管理是任何企业在运营管理中心都必须重视的问题。

（2）应用评价。国家级公益林资源并不是在任何情形、任何条件下都不可利用的，国家相关政策规定：在不破坏森林植被的前提下，可以合理利用林地资源，适度开展林下种植养殖和森林游憩等非木质资源开发与利用，科学发展林下经济，因此，要对植被的使用情况进行评价，促进植被的合理使用。

（3）经济性评价。利润最大化是每一个企业的经营目标。任何一个企业所拥有的金钱资源都是有限的，不可能取之不尽、用之不竭，因此，必须重视经济性评价。

（4）影响评价。随着市场竞争的加剧，企业社会责任逐渐成为国家及社会大众最为关注的一个重要标准。公益林资源的监测评价不仅仅会影响到某一个企业的未来发展以及声誉状况，同样也会对社会发展造成一定的影响，因此，对于公益林的评价，不可忽略的一个方面就是其影响评价。影响评价主要是指社会大众对于公益林建设的满意程度，以及企业在社会责任上的表现等。

评价体系是一个系统，系统内的各个指标相互影响、相互制约。以上提到的4个评价指标需要作为一个整体运行，在进行评价时，必须综合考虑多方面的因素，赋予各个指标不同的权重。

二、对国家级公益林资源监测评价的展望

早在党的十四届五中全会上,我国就提出"经济增长方式要从粗放型向集约型"转变的发展理念。近年来,国家不止一次强调"绿水青山就是金山银山",将环境保护问题提高到了新的战略高度。在一系列积极政策的指引下,我国环境质量朝着良好的态势发展。以北京、天津、河北为例(数据来源于国家统计局),在空气质量方面,区域PM2.5年均浓度由2013年的106μg/m³降至2018年的55μg/m³,下降48.1%。其中,北京地区由89.5μg/m³降至51μg/m³,下降43.0%;天津地区由96μg/m³降至52μg/m³,下降45.8%;河北地区由108μg/m³降至56μg/m³,下降48.1%。在绿色投资方面,区域节能环保支出占一般公共预算支出的比重由2013年的3.2%上升至2018年的4.9%,提高了1.7%,其中,北京由3.3%上升至5.3%,提高2.0%;天津由1.9%上升至2.2%,提高0.3%;河北由3.9%上升至5.6%,提高1.7%。在生态建设方面,区域人均城市绿地面积由2013年的15.2 m²/人增至2018年的19.1 m²/人,年均增长4.7%,较2010—2013年,年均提高水平接近2.9%。然而"冰冻三尺非一日之寒",提高评价指标体系的合理性也绝非一日之功。在传统观念的束缚下、在经济利益的驱使以及集约化意识的缺乏下,很多人都自觉或不自觉地做了一些伤害森林资源的事情。

在近70年来的快速发展下,人们对自然资源的过度开发、粗放利用、奢侈消费已经造成了比较严重的问题,对自然资源的系统修复、综合治理已经增加了难度,但这并不意味着森林资源问题就是不可修复的。首先,新闻媒介作为社会大众触摸世界、了解信息的一扇重要窗口,应当在引导社会大众、树立森林保护意识上发挥其重要的影响作用。在信息时代,信息工具多种多样,其颜色鲜艳的画面、精彩悦耳的音频会吸引很多人的目光,在各种社交平台、网络平台的推动下,可以快速地进入大众视野,是引导社会大众树立耕地保护意识工作的重要途径。如采用制作宣传光碟、外宣画册、文集等系列外宣品向社会大众传播生态环境保护意识,可以最大限度地普及公益林保护政策及保护森林的重要性;其次,要对破坏公益林的行为进行严格的惩罚,以达到警示的目的。

总而言之,"经济"与"生态"似乎是不可共存的两种事物,17世纪的工业革命推动了经济的发展,而经济的发展又在一定程度上破坏了生态环境。这是不是就意味着在"经济"与"生态"中必须只能选择一个呢?答案是否定的,人们要做的就是寻找二者平衡的方法,在不破坏森林资源的基础上,最大化地获取经济价值。

第六节 数字化水文水资源监测模式

数字化水文水资源监测模式作为当前一种新兴的水文水资源监测模式开始逐渐盛行,

这种监测模式主要是应用微电子集成加计算机处理再通过网络进行数据传输,用信息采集和分析整体数字化实施的方式代替以往的水文水资源人工监测预报方式,并将其与雨水情报工作有机结合。本节对数字化水文水资源监测这种模式进行了研究和探讨。

随着我国经济的快速发展,人们对水资源利用提出更加便捷、高效的要求。水文水资源监测站作为水文处理工作的最前沿,要积极地运用高新技术,以便更好地满足大众对于便捷高效水资源的需求,采用整体数字化的方式进行信息的采集和分析,代替以往的水资源要素人工监测预报方式,促使数字化监测模式和雨水情报工作能够有机结合起来,在预测和分析水文情势变化规律上有着非常显著的成效。加快水文测报工作的现代化进程,使水文水资源和水环境突发情况的监测能力得到全方位的提升,从而使水文水资源的监测工作能够适应和促进社会经济的发展需要,提升服务的效率。

一、数字化水文水资源监测系统概述

数字化水文水资源监测系统的主要构成是传感器、处理器以及通信模块,该系统可以准确高效地完成水文数据的实时采集、处理以及传输,为科学管理水资源和防汛抗旱工作提供数据保障。我国从 20 世纪 70 年代起开始对数字化水文监测系统进行研究,随着当前微电子技术、遥感技术和计算机技术的成熟普及,数字化水文水资源监测系统的功能也随之完善,其应用范围也变得更加广泛,对水情变化情况及趋势的预测也更加准确。有助于水利管理部门更好地预判水资源状况,及时采取科学有效措施,保证用水安全,降低因为旱涝灾害造成的影响。

二、数字化水文监测系统设计原则

系统设计依据的是我国当前已经颁布的《水位观测标准》《水文自动测报系统规范》等一系列规范制度。除此之外,在设计过程中,要把提高监测系统整体性能作为目标,遵循以下原则:一是要保证监测数据的可靠性。由于水文监测系统的传感器模块安装在自然环境中,因此需要对传感器加装保护装置,尽可能避免传感器受到恶劣天气等外界因素造成的干扰。同时还要对其内部结构进行优化,保证设备在无人看守的状态下也能在恶劣天气下完成对数据的采集工作,并且保证数据的准确性;二是要保证监测系统的实用性。由于基层水文监测站工作人员素质参差不齐,因此,监测系统在设计上要尽可能地降低其操作难度,增加良好的人机界面,使数据的显示更加直观。为了方便基层工作人员操作管理,还需要为设备增加自我诊断功能;三是设备的经济性。只有严格控制住系统的造价,才能让数字化水文水资源监测系统能够大范围的推广,因此在设计过程中不能过度追求技术的先进性,应以性价比最高的技术作为优先选择。

三、数字化水文监测系统的结构及其功能

数字化水文水资源监测系统是由主控制器模块、数据采集模块、通信模块、实时时钟电路、储存器模块、串口通信设计、电源模块以及人机接口组成,其中最主要的组成部分是主控制器模块、传感器模块、电源模块和通信模块。

(一)主控制器模块

主控制器是数字化水文监测系统的核心,监测系统的整体性能都是由主控制器的性能决定。主控制器与其他模块相互连接,完成对数据资料的分析处理和临时储存,把ADC/DAC技术集成到微型处理器上,从而实现数据量形式变换。例如,通过ADC技术放大信号,扩大微弱降雨量数据,使处理的精确度大大提高。在主控制器中整合多个I/O端口,便于系统进行升级,同时还可以满足后续的扩充需求和提高微处理器的使用寿命。

(二)传感器模块

数据的采集是由传感器设备完成,在水文水资源系统中,应用较多的是水位传感器和雨量传感器。降雨量在水文计算中是一项非常重要的数据,通过对该地区的历史降雨量进行分析可以对未来的水情变化进行推算和预测,并及时将数据提供给相关部门,以便更好地防范未来可能发生的旱涝灾害。雨量计是雨量传感器的关键,其中比较常见的一般为容栅式雨量计、翻斗式雨量计以及虹吸式日记型雨量记,其中更为常用的是计算准确且结构简单并具有较高稳定性的翻斗式雨量记。在水利行业中,农田灌溉以及湖泊和水库的管理都需要应用水位资料。我国在以往很长时间内都是由人工观测水尺读书进行水位测量,当前,例如激光水位计和浮子水位计等自动化水位传感器已经取代了这种传统的测量方式。

(三)电源模块

由于水文系统终端大多设置在野外,如果为其架设专用电缆则会使成本大大增加,太阳能蓄电池能很好地解决这个问题。一般选择密封铅酸蓄电池,保证其可以在潮湿的环境下运行,同时要考虑其供电的持久性,为了使电能的消耗降低,通常采用将其分为常供电路与非常供电路的方法进行分区管理,保证其即便长时间处于阴雨天气中依然有足够的电能供应。

(四)通信模块

数据传输的两种方式分别是有线传输和无线传输,其中无线传输由于受恶劣环境以及地形的影响较小,通常将其作为水文监测系统中的主要传输方式。在众多的无线传输模块种类中,当前应用比较广泛的是具有成本低、兼容性好且数据传输速度快等优点的GPRS通信方式。为了进一步提高水文监测系统的整体性和稳定性,还可以使用GPRS DTU通信模块,该模块可以在-25~60℃的环境下正常运行,同时还具备能耗低的优点,可以极

好地满足水文水资源监测系统的各项技术指标。

四、系统结构的合理性和先进性分析

水文监测系统中，由于流量 ADCP 的监测数据大，相关因子多，需要配合使用专业的分析软件取得更好的分析结果，因此要使用现场计算机通过软件对流量数据进行处理和分析，并将处理后的流量结果存入本地数据库。由于人机对话原因以及处理能力的因素，数据采集仪不宜直接连接 ADCP，最终结果通过网络进行储存，从技术上来看更加具有合理性。

水位采集的数据使用无线传输的方式接入到遥测终端，再由终端数据输出端口接入总线，在结构上有更高的先进性和合理性。

雨量、水温、气温、蒸发、风向风速以及空气湿度等信号的采集一般采用的是直接传感器，再由转接模块接入总线，这种方式可以避免因为传感器特点形成多个 RTU 采集，大大降低设备投资，从结构上具备更强的先进性和合理性。

由于视频图像见识数据大，并且独立成为一个子系统，采用网络连接的方式与现场计算机组成 B/S 结构，可以使监控操作更加便捷。

考虑到电信费用的因素，在进行数据上传时，无线传输一般只通过综合数据采集仪对主要的水文数据参数进行传输。从结构上来看，数字化水文监测系统通过现场的工业总线 TCP/IP 以及 RS485 组网，从结构形式上看更加接近分布式采集监控系统，有较高的先进性和合理性。

五、数字化水文监测系统构成

数字化水文监测系统主要是由气象监测仪、水文监测仪、通信网络以及监测信息数据中心等组成，本系统可以采集雨量、气温、湿度、蒸发量、风向和风速等水文气象要素，并且自动将数据信息存入本地数据库，同时为了方便之后进行的数据查询和结果输出，系统还可采用网络传输的方式将数据上传至远程分中心进行解码以及保存工作。

六、数字化水文监测系统功能

该系统主要借助传感器模块，通信模块以及主控制器模块等模块对降雨量、水位等资料进行实时采集，并对数据资料进行处理后传输至地方水利局，相关管理人员对数据资料进行分析，并对是否需要采取应急措施做出判断。例如，某湖泊处于下游位置，水位低于警戒水位，此时水文监测系统监测到上游地区出现较大降水，为了避免发生洪涝灾害，水库就需要及时开闸，预留一部分库容来承接上游来水。系统还应具有面向用户的窗口，比如很多地方水利部门都设置建立了水文信息管理平台，把水文信息管理平台作为水文水资源监测系统的扩充，有助于监测数据的利用率最大化。水文信息管理平台还可以二次处理已经上传的水文资料，使其能够达到便于工作人员日常管理应用的目的。把实时的水文资料集合到平台，使平台具备信息查询功能，可提供不同用户查询所需要的数据。平台还应该具备预警功能，有利于保障汛期安全，提高处理突发事件的效率。为加强平台功能，平台内部还要包含以下几个模块：一是管理模块。该模块主要用于提高平台安全性，其功能为支持用户信息验证以及记录系统日志；二是基础资料模块。该模块主要包含地方水库、渠道以及测量点资料；三是综合查询功能。系统要具备查询资料和打印资料的功能；四是DTU管理模块，该模块可以对下属的其他设备发送控制指令，实现对信息的添加、修改以及删除等操作；最后，系统还需要具备发布信息的功能，技术人员依托网页制作技术将水文信息发布到互联网。实现网络资源共享，以便用户可以及时地了解各地区的水文水资源情况。随着当前手机APP软件逐渐成熟，水文水资源监测APP也可以着手开发应用，或者利用微信公众号将水情状况进行公布，这些措施都可以大大提高水文数据的传输效率。

采用数字化水文水资源监测系统，可以自动、快速地完成水文监测站的大部分主要任务，同时由于数字信号具有容量大、传输速度快、抗干扰能力强，放大不失真，便于计算机操作处理等优点，因此，在采集水位、雨量等信息数据的时候有着较高的准确性，数据传输也有较强的时效性。同时数字化水文水资源监测系统的视频监视功能以及对现场的实时监控都可以降低基层水文监测人员的工作量，保障人身安全，提高工作效率。数字化水文水资源监测系统采集的各项水文数据达到98%以上的准确率，接受处理信息的误码率＜2%，在传输信息上的误差率＜3%。设备仪器的完好率99%，传输信息的畅通率达到100%。

数字化水文水资源监测系统可以有效地提高信息采集的准确性和数据传输的时效性，使防汛抗旱的信息量大大增加，并将采集到的水情信息共享到互联网，充分利用水情信息采集系统的数字化优势，为防汛抗旱的指挥调度提供准确有效的数据支持。系统还可以利用互联网向公众发布实时的水情雨情信息，提高群众防灾意识，从而降低旱涝灾害给人民群众带来的损失。

第七节　多通道卫星频率资源监测系统研究设计

在电磁环境恶劣的情况下，卫星通信依靠其加密性强、抗干扰性强，覆盖面积大成为应急保障的主要通信手段。目前，卫星通信下行信号监控由于卫星系统日趋增多，频率资源使用变更频繁，台站监测任务繁重，测试信号频段范围不断增大（已到Ka），在需要对多路卫星信号监控时，还存在频谱监控设备数量匮乏的情况；同时，由于各台站值勤人员技能水平参差不齐、装备熟练程度不一等诸多问题，在实际监测中即便经验丰富、技术熟练的值勤人员，在卫星通信频谱监控中也会因为监控频点多、时间消耗长，使得工作效率降低、监控结果不可靠。当前，我们迫切需要能卫星通信地面站对各卫星通信网系使用的卫星频率资源情况等进行实时监控，掌握转发器资源利用情况，排除可能出现的卫星通信频率自身干扰和外部干扰，并确保各卫星通信网系运行的可靠性。

一、研究背景

目前，卫星信号监控面临着卫星数量和型号日趋增多、监测任务繁重、测试信号范围不断增大、中频及射频物理接口不同、信号频率跨度大等技术问题，在卫星地面站频谱监测设备有限的情况下，必然会加重现场值勤人员的工作量，降低工作效率，监控结果容易出现误差。通过研究卫星地面站多通道卫星频率资源监控，在卫星通信地面站对各卫星通信网系使用的卫星频率资源情况等进行实时监控，实现干扰信号日实时告警，掌握转发器资源利用情况，及时排除（或规避）可能出现的卫星通信频率自身干扰和外部干扰，为上级业务管理部门在第一时间提供有效的决策支持。

各种新型卫星通信系统开通运行以后，卫星资源利用越来越多，频率资源变换也越来越频繁，现有的监测装备已不能满足值勤基本要求。我们研究多通道卫星频率资源监测，就是要确保卫星通信业务保障全时通、全域通、全网通、全程通。

二、主要研究内容目标及内容

（一）研究目标

该项目硬件部分的信号处理器由 8~10 个射频变换模块组成，对来自不同卫星通信系统的中频或射频信号进行处理并转换为数字信号；信号分析系统主要由计算机服务器和软件系统组成，完成对卫星信号的对比、分析、存储和信号预警功能；软件功能包括：在一个界面上同时观测 8~10 颗卫星信号实时情况，对 8~10 颗卫星信号进行分析、存储，对卫星信号具有主动研判、声光告警功能，能及时发现各种不正常信号。

（二）研究内容

针对平时值勤中暴露出的干扰和自扰等难以及时解决的问题，本次研究着重从如下方面进行：

（1）结合在用卫星通信资源的使用情况，研发多路卫星信号采集设备，可利用一套系统，对 8~10 颗卫星的下行信号进行集中监测。

（2）针对监控内容无法在监测指挥大厅进行集中显示的问题，开发一套集中控制软件平台，采集的信息在值勤大厅进行集中显示，也可上传至上级业务部门。

（3）在卫星通信信号出现异常时，增加主动告警的功能。

（4）动态展示卫星通信系统运行态势和资源利用情况。

（5）在卫星站原有业务处理和请示报告流程中，增加卫星通信监测数据集中存放，可对数据进行抽取、回放和分析。

（三）研究设计方案

1. 总体方案

此项目研究，主要从硬件设计、软件开发、数据库搭建几个方面进行：一是要对现有各卫星通信系统下行信号接口进行梳理，看各系统结构是否满足建设要求；二是着重设计多信道卫星通信信号监控硬件设备，充分考虑接收的下行卫星通信信号频率范围，选取运行稳定、电磁兼容、价格适中的硬件设备；三是实现自动监控平台软件的开发、数据存储（包括格式和保存时间）、监控界面集中呈现、自动告警信息的推送。

2. 主要技术分析

该系统研究包括信号处理模块、信号分析模块、监控中心模块三部分，监控平台部分采用 C++ 语言开发，系统运行于 Windows 操作系统，数据传输通过 TCP/IP 协议完成，数据处理储存部分则采用关系数据库进行开发，该系统研究从理论和软硬件方面保障系统是可实施的，且具有科学性。

信号处理器实际上需要实现频谱仪部分功能，首先要进行信号搜索并捕获得到各可见卫星粗略的信号码相位和载波频率；其次，在捕获到伪码相位和粗略载波频率的基础上，接着进入跟踪环路，跟踪并得到精确的码相位和载波频率等原始观测量。采用 FPGA 设计信号处理模块，针对不同频点和不同中频带宽，采用多输入多输出架构，鉴于实际卫星信号可分为 2 个频段低于 200MHz 和高于 200MHz 两种方式。

监控中心模块是卫星地面站多通道频率资源监测系统的人机结合部分，能实现自动监控多路卫星信号，自适应处理监控任务、异常信号告警等功能，保障监测结果的准确性，提高异常信号发现与处理的及时性。

为保证程序计算效率以及长期运行的稳定性，该系统智能监控平台部分采用 C++ 语言开发，系统运行于 Windows 操作系统，系统运行硬件 CPU 至少大于 5 核，内存大于 16G。为保证卫星通信数据采集的实时性以及对外站卫星通信设备远程监控的有效性，数据传输通过 TCP/IP 协议完成。该系统数据处理存储部分则采用关系数据库进行开发。

四、风险分析

该研究课题对高频段硬件变频后的卫星中频数据的采集、处理与分析，干扰与信号的模式化识别，需要经过反复试验调整才能最后定型。信号处理模块在处理不同频段的卫星信号并将其转换为数字信号时，如果信号幅度过低或信号不稳定时，可能存在失真，必要时，有的节点可增加信号放大器。

五、应用前景分析

（一）应用效益显著

通过该研究设计，实现卫星地面站多通道卫星频率资源监控，能在卫星通信地面站对各卫星通信网系使用的卫星频率资源情况等进行全实时监控，干扰信号日实时告警，掌握转发器资源利用情况、频率资源的优化，及时排除（或规避）可能出现的卫星通信频率自身干扰和外部干扰。

突出全面掌控实时卫星通信运行态势，强化对各卫星通信网内各卫星站频率使用的监管，提高卫星通信网系维护指标，顺利完成各类重要通信保障，卫星通信业务保障全时通、全域通、全网通、全程通。

能够对出现的卫星通信资源故障进行预判，为上级业务管理部门在第一时间提供有效的决策支持；通过与应急指挥中心指挥决策系统对接，指导卫星资源使用并进行适时适当调整。

（二）经济效益明显

目前国内频谱仪（18-20GHz、Ku频段）的价格，满足监测需求的单台频谱仪价格在28万元左右，按照在地面站工作9个卫星通信系统需求，至少需要8~10台，加上统一的监控平台搭建的费用，经费至少260万元。通过自主研发卫星地面站多通道频率监测系统，单个监测节点费用在2万以内（量产以后价格更低），一套系统只需购置8~10个节点即可满足需求，总建设费用（含监控节点硬件与监控平台）在60万元以内；如果推广运用，经济效益更佳。该系统建设周期短、改造成本低、维护简单，可先行建设系统试用，然后在大范围进行推广，大大节约装备投入资金。

综上所述，卫星地面站多通道卫星频率资源监测研究从理论基础、硬件研制和软件研发乃至系统设计是完全可以实现的，且可行性较高、运行稳定。

第四章 资源监测的实践应用研究

第一节 人工智能在草地资源监测中应用

天然草地是人类生活、生产环境和能量需求的自然体，也是一种特殊的自然资源。草地这种自然资源，对生态环境、水源涵养、净化空气、水土保持等起到一定的作用，也是畜牧业生产资料供给的主要来源，因此在推进生态文明建设、加强草原资源保护和生态修复的倡导下，加强草原资源与生态动态监测显得尤其重要。人工智能作为一种人、机器、方法、思想的结合体，已应用于各个行业领域，国际上很多国家都在探索利用这种高新技术对农业生产提质增效，其中人工智能基于智慧农业为基础的新发展理念已得到了迅速发展，出现了一些应用，为人工智能和草地调查监测领域的深度融合应用提供了有力的支持和参考。

一、人工智能的原理

（一）人工智能的概述

人工智能（Artificial Intelligence，简称 AI），拉斐尔说："是一门科学，这门科学让机器做人类需要智能才能完成的事。"人工智能研究创建出可以与人类的思想媲美的计算机软件或硬件智能，设计拥有一定智能的计算机系统，研究如何让系统去做过去需要人类的智力才能完成的工作，换句话说研究如何使用计算机的软硬件来仿造人类一些智能行为的学科、方法和技术，主要包括系统实现智能的原理、设计类似于人脑智慧的计算机系统，让系统能完成更高层次的应用。人工智能是人类制造的拥有人的思想的机器等，在《人工智能》一书中指出"人工智能是由人类、想法、方法、机器和结果组成的"。人工智能的原理，用一句话概括就是：人工智能＝数学计算。机器的智能程度，取决于"算法"。

（二）人工智能的发展趋势

1. 在日常生活中的应用

在我们的生活中，大到智慧交通、索菲亚机器人，小到可以陪孩子读书的机器人小智、帮助关窗帘的机器人，等等，这些都是在日常生活中帮助我们的人工智能机器，那么对于我们的工作是否也可以得到它们的帮助呢，这就是我们接下来要思考的问题。

2. 在农业中的应用

人工智能在农业中也有着广泛的应用，例如：利用人工智能对农作物病虫害进行监测、生长状态识别以及杂草辨别、水果品质的分级、果实成熟度的判别，在农产品的分类中，通过 ANN 算法对农产品进行分类，通过人工智能对农作物的外观、气味、形状等特征进行精准分类，这些都是人工智能在农业中的应用，综合来看，如果能够将这些利用算法和传感设备，结合人工智能应用到草地调查监测中去，就能很好地对草原上的土壤、植物种群等多个方面获取大量的数据。

3. 人工智能在草地资源调查监测的模型

通过人工智能的传感设备将收集到的数据通过集成无线访问点，再利用无线网络环境将数据发送至本地数据，然后将本地数据库中的底层数据通过网络传输至核心服务器，通过 OA 平台再对数据进行挖掘使用，这样就可以实现在陡峭的山区和大面积的荒漠类无人区草原中得到确切的数据，从而能够更深入地了解草地的分布、产量等成因。

二、人工智能在相关行业的应用和现状

（一）人工智能在农业监测中的应用

在农业生产中，根据 GPS 的精准定位，利用人工智能的方法和技术，实现智能化的操作。如福建农业畜牧科学研究所做的利用人工智能算法建立的模型，对田间墒情诊断、作物养分的监测等进行的科学性实验，为农业生产提高质量，增加效益等起到一定的作用。同时一些农业企业使用了人工智能，设计出对农副产品的成长状况、生态数据进行分析的数据库模型，为农副产品的有机生产提供指导依据。例如，Infosys、IBM Watson IoT 和 Sakata Seed Inc. 在美国加利福尼亚两块田地上布置测试床等，使用了人工智能＋机器视觉＋传感器，对土壤、空气、施肥、植物的成长状况进行了全方位监测，获取了 18 种数据，数据上传到 Infosys 信息平台进行了数据挖掘和人工智能技术分析，分析结果提供给企业决策、物种的研发系统，并作为下一步生产和育种的依据。

（二）人工智能在其他行业的应用

在国家大力推广人工智能的今天，人工智能已经得到了一定的发展，在一些行业已经得到了应用，例如：通过了采用低能耗人工智能（AI）无线自组网通信技术，对水资源进行了全面实时监测、数据采集和管理平台为一体，为治理水资源污染的问题，提供了高效、精准的解决方案。

(三)草地资源调查监测技术现状和今后的发展

随着科学技术的发展,在草地资源调查中也使用了不同于20世纪80年代调查的手段和方法。在以RS、GPS、GIS、基础数据库等计算机系统的技术手段为主,结合入户调查、地面勘察等手段,以及人工智能技术飞速发展这一因素的推动下,以物联网为基础的人工智能图像检测系统已经形成,有效地增强了图像检测系统的精准度和及时性,弥补了传统图像检测系统的不足,同时能全面、规范、精确地获取草地资源的实际分布、产量质量、环境及使用状况等信息。

然而在草地资源调查监测采集数据的过程中,还是要先进行人工地面数据的采集,然后将数据导入系统,随后再通过地理信息技术手段和方法对数据进行加工处理。在每一次的资源调查中,我们都要耗费大量的人力、物力和财力,即便这样,有些环境恶劣的高山或无人区等也是不能到达的,阻碍了对草地土壤、水分、物种包括草地退化沙化更深入和更深层次的了解。虽然有遥感影像、定位和地理信息系统技术的帮助,也还是不能实时对草地资源进行监测,另外遥感影像技术是从立体空间的角度对草地进行了监测,尤其是对物种和土壤的感知,远不及人工智能等利用传感技术和智能芯片传回的数据更准确和精准,因此人工智能在草地资源的调查中的应用就显得尤其重要,也是今后的发展方向。

三、人工智能在草地资源应用中的思考

我们可思考利用国家已经建成的有线电缆、光缆、无线GPRS、卫星通信等手段,在允许的范围内,对我们设立的固定监测点使用人工智能(AI)的手段和方法,通过模仿人工采集数据,在网络、GPRS、卫星通信或者光缆通信的方式下,汇聚节点将网络节点采集的数据通过逐步接力的方式发送至上位机。监控调度中心上位机对大数据进行分析处理,实现对草地资源各项参数的实时监测。

如果实现了对草地资源各项数据的实时监测,那么就可以对监测后的数据进行挖掘,从而对多种参数进行组合分析,比如:可以做到对提取草地块上的气候的数据进行分析;对草地块中的土壤的数据进行分析;对草地块上的水蒸气的数据进行分析;对种群的迁徙进行分析;通过这些分析,最后能够精准地测量出草的产量,还能综合这些数据对草地沙化和退化的成因做进一步分析。

(一)人工智能在草地资源监测领域融合的问题

人工智能在网络安全、数据库查询等大型系统中的应用技术已形成了相对成熟的融合模式,例如:"四川信息职业技术学院的基于人工智能的数据库查询系统,随着人工智能这门学科的不断发展,人工智能对于自我学习、自我纠正的能力更加的完善和强大,因此,使用人工智能的机器人操作数据成为可能,"在医疗、交通和较大范围的应用,涌现出了一些标杆式的案例。可是在草地资源调查监测的应用中还处于初始阶段,草地资源的大型

数据库、网络实时化、智能化还面临很多的挑战。

1. 草地资源网络建设差

在草地资源中使用人工智能，解决人力无法到达、草地监测任务难以完成的地方；另外也是为了实现对草地资源的精准监测，因此将人工智能和草地资源作业领域进行融合应用，并将遥感、定位等技术也进行深度融合，使得数据+图像的方式，从空间到地面对草地资源进行深层次的研究。当然这就需要对网络提出实时响应和数据积累的要求。由于我国草地资源地理环境特殊，山区的基础网络建设较为落后，草地资源作业领域网络化、数据库的应用水平也相对较为落后，成为人工智能在草地资源监测领域融合的一个显著性问题。

2. 智能化设备无法因地制宜

智能芯片是因业务需求的不同而在芯片中内置的应用有所不同，例如麦卡洛克和皮茨开发的人工神经元的第一个模型，当它植入芯片时，是作为传感器中的芯片使用，须要根据各自的不同传感需求来定义你所需要识别的需求功能是什么。由于草地分布于不同海拔的垂直带上，对智能设备的要求相对特殊，进而对设备中的芯片要求也比较高，随之成本也相应增加，且在环境较差的草场非常容易发生损坏，进而导致智能设施应用受阻。

（二）草地监测人工智能（AI）系统实施建议

1. 数据的采集和传输

依托现有的网络和通信技术，在固定监测点上安装带有摄像、传感、采集功能的智能读卡芯片，采用遗传算法的模，通过无线网络将定期或者不定期地对固定的测量数据进行回传；至规定的服务器上，将遥感影像、定位和地理信息系统的数据融合汇总至总的管理服务平台中。

2. 数据的清洗和抽取

建立完善的数据库系统，使用数据仓库对获取的数据先进行智能判读，抽取有价值的数据，对错误和没有价值的数据进行清洗和筛查，从而将结果提供出来。

3. 数据叠加分析

将数据与以往的监测数据进行叠加，再将其他获取的影像资料进行叠加，对草地监测的数据进行深度的挖掘和分析。如通过多年监测数据叠加影像和气象大数据等，进行草地生产力与气象因素关系的智能分析，建立相关关系模型进行分析评价、草地生产力预测等。

4. 网络基础设施的完善和信息化服务的建设将是草地资源监测领域和人工智能相融合的保障

人工智能技术给传统通信网络带了新的技术理念，加上人工智能对计算机网路的提升，从而达到资源实时共享，因此，一是加强草地资源环境的信息基础设施的完善，增加互联网络的全覆盖，提升网络传输能力，增强数据库的应用，为创造智能化草地资源系统中各项作业、采集草原大数据做好基础保障；二是完善草地资源的大型数据库，为草地资源的数据挖掘、数据整理、分析，进而对草地资源的修复、物种的判断提供依据。

人工智能在其他领域的应用已经是屡见不鲜，而在草地资源作业领域中的应用和融合也是我们今后要实现的手段和方法，实现智慧草原，深入草地资源作业专用设备的研发和应用，是草地资源作业领域和人工智能融合的前景，也是未来农牧业的发展趋势。

虽然在实际的工作中，人工智能技术存在一些设备不完善、网络环境不完善、算法限制等，但在逐步的深入研究和探讨中，不断的结合应用和实践，一定能够加以改善，使得草原数字化、信息化、智能化的脚步更加快速和稳固。

第二节　水文水资源监测方面 GPS 技术的应用

GPS 技术与实时动态定位技术即 RTK 技术相配合，比起传统的检测方法具有更大的优势，尤其适用于航道长、水下地形复杂的区域，具有非常广阔的应用前景。

一、水文水资源监测概述

水资源是人类生产生活中最为重要的资源，它是生物赖以生存的基础。在工业农业现代化发展的今天，对水资源的需求也大大增加，再加上对水资源不合理的利用，水资源的短缺已经成为世界各国极为关注的问题。我国作为一个人口大国，虽然水资源的总量比较丰富，但是水资源的人均占有量仅为世界平均水平的四分之一。国家对解决水资源问题高度重视，近年来采取了一系列措施，包括完善相关法律法规、加强生态保护、限制污水的排放等，这些工作的完成都依赖于水文水资源监测。水文水资源监测指的是对水资源的流量、质量、水体和空间变化进行观测，为相关部门对水资源开展保护工作提供数据信息。现阶段，我国在该方面的研究比较薄弱，因此需要加深该方面的研究。

二、GPS 技术与 RTK 技术概述

（一）GPS 技术概述

GPS 全称为全球定位系统，可以通过卫星对海陆空三维空间进行定位和导航，定位精度高、定位速度快并且受天气影响小，具有很大的优越性，在当今的各项工程项目中得到了广泛的应用，GPS 技术同样同时进行水文水资源的监测工作。可以通过 GPS 与 RTK 技术的相结合，对需要监测的区域进行实时的监测与分析，将监测的内容自动绘制成检测图，

对水体各指标在之后一段时间的变化趋势进行预测并上传给监测部门，方便有关单位开展工作。

GPS 在水文水资源监测工作的应用中，与传统的方法相比，具有很大的优点。第一，GPS 技术应用时受天气和监测环境等因素的影响很小，监测工作可以在各种状态下进行，并且可以随时进行移动，工作形式很灵活；第二，定位监测的精度很高，与 RTK 技术相结合，可以减少监测水位等相关数据指标时产生的误差，最后得到的数据具有很强的说服力；第三，自动化程度高，数据的采集、输送以及接收工作都可以自动完成，对取得的数据进行初步分析时不需要人为干预；第四，智能化程度高，在监测现场的发布指令和设置参数等工作可以直接通过计算机来进行。

（二）RTK 技术概述

RTK 全称为相应动态差分法，主要功能是对控制点的坐标参数进行测量，市一中新型的测量方法，比起传统的静态和动态测量方式有着很大的优越性，简化了烦琐的测量程序。RTK 技术可以利用其自动定位的功能，将动态差分法引用到数据处理中，可以直接得到相关的数据信息，信息的准确性很高。这项技术适用于各项工程测量，提高了工程工作效率。虽然 RTK 技术具有很多优点，但是它也有一些不足之处。目前主要将网络与 RTK 技术进行结合，设置虚拟网络对监测区域进行水文水资源的实时监测，然后利用计算机网络对数据进行处理，对监测区域实现全方位的覆盖，从而弥补 GPS 技术在水文水资源应用中的缺陷。

三、GPS 技术在水文水资源监测中的实际应用

（一）实时采集与传输水位数据

这里的应用主要分为六步，第一步是先建立完善精密的局部转换模型，对水位开展测量工作时 GPS 测出的是大地高程，但是一般采用的标准是国家 85 高程，因此需要利用转换模型将大地高程进行转换，统一标准；第二步是提取实时监测的数据，通过软件编制实时提取 RTK 数据，并利用转换模型进行相应的高程转换；第三步是对测出的水位数据进行滤波处理，处理的目的是使数据的精确程度达到要求，因此需要建立滤波模型消除误差对水位观测所得数据的影响，可以确保测得结果准确无误；第四步是将所测数据传输到监控中心，对观测单元的子系统进行有效的系统合成，我们必须将手机系统和 PDA 系统结合在一起才可以实现相关的功能，可以将水位数据采取编码的措施后再进行传送；第五步是编制程序来对加密的编码进行破解，通过控制单位接收传送的数据然后进行管理；第六步，建立智能化的监控系统，编写相关的软件程序对数据传输的内容、频率、间隔时间和开关操作进行控制，实现对水位数据的自动收集与传送。

（二）在洪水调度工作中的应用

我国是一个自然灾害发生较为频繁的国家，因此有关部门对灾害防备工作的重视程度很高，GPS技术在该方面有着相当大的优势，在对洪水灾害问题的预防处理上的表现极为突出。防汛减灾工程中需要在一些容易出现灾害的流域内建设相关的应对系统，GPS技术可以对水资源进行调度，对洪水进行预警，为分析灾害造成的损失以及设计最优的方法提供数据基础。目前我国的防汛减灾系统如指挥系统、风险评估系统和应急预警系统等已经充分建立，对GPS技术应用的需求度比较高。GPS技术通过对水位的变化进行监测，将变化情况与相关数据传送给监测部门，有关部门可以将数据利用计算机以曲线的形式表现出来，更为直观地反映水位变化情况。决策管理层可以尽快得到数据，及时发现汛情，尽早制定方案、传达指令来减轻经济损失。

（三）在流量与水质监测工作中的应用

在流量监测工作中，通过传统方法实现定位河流断面的难度较大，而GPS技术的使用会很好地解决这一难题。GPS技术可以通过卫星定位对河流断面进行监测，采集到各时段的水文资料，极大地提升了监测的效率，对流量的判定工作可以较为方便地实现。在水质的监测上，GPS技术可以帮助工作人员对河水、湖水以及海洋进行采样，将采样区域的各项指标如水位、坐标以及污染程度进行分析制图，直观地反映出监测区水体的污染度，方便有关部门及时采取措施治理水资源。

四、GPS技术在水文水资源监测工作中的展望

现阶段我国已经建立了多个蓄水泄洪区，使得防洪的资源得到了更合理的利用。但是利用传统方式进行监测实现不了对洪水区各指标的准确反映，监测工作的质量得不到保证，并且传统的方式对监测环境等因素的要求较高，提升了工作的难度。将GPS技术引入监测工作会很好的解决水文水资源监测的难题，通过对水位等数据进行实时的采集与传输，结合RTK技术实现远距离的监测，分析应用土壤、地形特征和地下水的实际情况，完善监测系统，是监测工作得到了顺利进行。GPS技术的应用需要加强下列各方面的研究，首先是监测系统应更为完善，尽力避免监测数据出现误差，使传送的数据更准确。其次是数据的分析工作应更加注重精度，设计出科学的分析模型，使得分析结果更为科学。最后需要积极结合先进的科学技术，比如RS、GIS以及计算机技术等，提升自身的可扩展性，实现资源共享，提供更加完整的平台。

GPS技术的发展使得我国各方面工作得到了很大的发展，为数据采集和准确传送提供了便利的条件，因此，国家需要为GPS的长远发展提供更为广阔的舞台。水文水资源监测作为我国重视程度很高的工作，对科学技术有着很大的需求度，GPS技术的完美适用正体现了我国未来监测工作的开展方向。相关部门应结合实际情况，全方位来提升我国的监

测水平，进一步提升数据信息的准确度，为相关工作的开展提供依据与保障。

第三节　森林资源动态监测技术的应用

作为林业产业与生态系统的核心，森林色生态效益与社会效益比较明显，不但是生物圈的生产者，而且保证全球的碳循环更为合理，具有良好的生态安全保护作用。为了保证森林生态资源得到更好利用，推动林业产业的快速发展，本节重点分析森林资源动态监测技术的应用要点。

一、森林资源与生态情况

通过对森林资源进行科学管理和开发，能够产生良好的生态效益与社会效益，想要保证森林资源得到更好地管控，首先要做好相应的调查工作，加强森林资源监测。森林资源属于可再生资源，是国有资源的核心组成部分，主要包括了林地、森林以及一系列依靠林地生存的动植物等，与人类的日常生活息息相关，是促进国民经济稳定发展的重要保障，同时也是解决环境危机的重点。

广西土地资源比较丰富，山地、丘陵总共占据土地面积68.80%，林业占地面积为1509.44万hm^2，占据土地面积的63.53%，广西属于我国西部地区沿海地区，通过加强林业资源发展，能够保证该地区的区位优势得到更好发挥。广西森林覆盖率比较高，超过全国森林平均覆盖率，但是，该地区的生态环境特别脆弱。森林资源监测是以森林资源调查为基础，结合森林资源数量与质量，进行时间函数调查。

二、森林资源动态监测现状

森林资源动态变化，能够反映出森林的经营管理情况，结合我国现有的行政区域森林资源动态变化情况来分析，森林资源动态监测，能够更好地反映出当地林业管理政策的实施效果，保证林业资源的利用情况等等。森林资源动态监测的主要目的是针对一定区域，了解森林资源的数量与种类，并进行科学的评价，进而制定出森林资源经营管理对策，保证森林资源经营管理中存在的问题得到更好解决。

森林资源动态监测是《森林法》当中规定的工作，也是推动现代林业发展的核心支撑。通过加强森林资源动态监测，能够保证森林资源得到更好管理与保护。最近几年来，由于全球大气污染越来越严重，对森林的影响也日益加重，例如，在欧洲工业国家之中，因为出现了酸沉降现象，使得大量的森林树木死亡，非常规因子对森林的生产力与稳定性影响较大，为了保证森林资源得到更好保护与利用，加强森林资源监测至关重要。现阶段，常用的森林资源监测技术为3S技术、抽样技术等。

三、森林资源动态监测技术的应用形式

（一）3S技术

3S为GIS、GPS、RS的简称，集信息获取、处理与应用于一体，具有信息获取快速、分析准确的特点，被广泛应用到森林资源动态监测当中。在3S技术当中，利用GPS技术，能够更好地定位目标，帮助监测人员更好地了解传感器、运载平台位置，并结合其自身的定位功能，准确、快速地找到控制点坐标，对遥感图像进行合理纠正，有效的提升工作效率。RS技术则能够用于准确提供目标环境信息，针对GIS获取的各项数据进行实时更新，具有较高的分辨率。

与GPS、RS技术不同，GIS能够对不同来源的数据实施统一处理，保证信息得到高效处理与应用，能够进行动态仿真与模拟，帮助森林资源监测人员制定更为科学的方案，也是3S技术集成的基础。在美国、加拿大等先进国家，3S技术的应用比较多。

将3S技术应用到森林资源动态监测当中，能够保证森林资源监测数据更为准确，运用GIS软件，对各项遥感制图进行综合分析，监测人员可以从时空角度来分析森林资源的具体变化情况。针对不同时间的森林卫星影像开展数据处理，并根据地面的各项调查数据，对该地区的森林资源实施动态监测，结合森林植被具体的生长情况，找到资源出现变化的起因，针对该地区的森林资源管理规划体系进行优化。

（二）网络技术

网络技术，又常被人们称为计算机网络技术，属于一项数据通信系统，结构比较特殊，将不同的计算机系统有效联合，形成一个整体，分散在不同位置的计算机，将数据通信线路进行连接形成计算机系统，保证网络当中的计算机软件与硬件，包括数据资源真正实现共享，进而提升计算机的使用率。

在森林资源监测当中，合理利用网络技术，具有以下优势：

1.真正达到资源共享目标，有效节省资金。通过合理利用网络系统，能够形成一个更为稳定、覆盖范围更广的监测系统，和上级自动监控中心实施网络连接，与周围系统实现数据共享。

2.利用计算机网络作为信息的传达载体，结合分布式数据库管理体系、WebGIS虚拟现实技术，包括信息发布平台等，为有关人员提供更加先进的信息服务。通过妥善运用网络技术，还能够将各项空间数据进行在线处理与分析。

将计算机网络技术应用到森林资源监测之中，能够保证林业管理方式更加信息化。针对部分森林区域，通过加强保护，能够减少自然枯损现象的发生，保证森林覆盖率得到更好提高。

（三）抽样技术

抽样技术是3S技术地面核查的主要手段，也是森林资源清查与评价的主要工具。因此，森林资源监测人员可以结合调查目标的主要特征，对所需要调查的对象进行全面研究，采取合理的抽样调查方式，并构建抽样体系。将抽样技术和3S技术进行有效结合，能够更好地提高森林资源动态调查与监测效率。

在运用抽样技术时，可以将乡镇作为总体，小的村落作为基础单元，制定完善的抽样方案。针对抽中的乡村，设置固定的样方，以年为周期，定期开展组织调查，而省的林业部门则主要负责构建省级抽样系统，并且主动开展相关的检查工作，将各项数据进行汇总。县级的林业部门可以根据自身工作需求，适当增加样本量，并且构建县级抽样系统。

（四）数据库技术

作为应用范围最广的技术，数据库技术的出现，大大提升了我国森林资源动态监测水平，由最初的层次数据库、网状数据库资、关系数据库，到现在的分布式数据库，该技术的发展速度越来越快，在森林资源动态监测中的应用效果越来越好。将数据库技术应用到森林资源动态监测中，具有以下优势：

1. 能够深入获取森林资源监测数据，减轻林业部门工作人员的工作压力。
2. 该项技术能够和多学科技术结合，保证森林资源动态监测数据更为精确。

（五）模型技术

在我国的森林资源动态监测当中，进行科学的数学建模是特别重要的。针对部分区域内部自然生长的林木来讲，运用模型技术，能够更好地降低森林资源动态监测难度。为了保证模型技术在森林资源动态监测当中得到更好应用，监测人员要定期更新模型，在建立模型时，要妥善运用该地区的各项数据，进行科学的拟合，并根据以往实地调查的各项数据，进行有效的验证，对模型进行合理的优化。在更新模型数据时，可以采取抽样调查的方法来检验数据是否准确。

数字建模要和社会经济发展紧密相连，为了保证模型技术在森林资源动态监测中得到更好应用，要培养大量的专业人才，构建树种生物量、碳汇等模型，保证林业生态建设评估更为准确，保证森林资源的重要作用得到充分体现。

综上，通过全面介绍了森林资源动态监测技术的应用形式，如3S技术、网络技术、抽样技术、数据库技术、模型技术应用要点等，能够保证广西壮族自治区的森林资源得到更好利用，减少森林资源的浪费。

第四节　水文水资源监测数据管理平台研究与应用

随着社会的发展，科技的进步，我国对水的管理、预治、防范等相关理念及技术日渐成熟。水文水资源作为我国以及世界共同关注的对象，自然要对其进行比较深的研究，这样才能合理的利用这个资源。本节将简单介绍水文水资源以及其在监测中所用到的管理平台以及相关应用，并对其进行的研究做一些简单的分析。

一、水文水资源

水文水资源是比较广的一个概念，众所周知地球的水面积要远远超过陆地面积，水文水资源包括海洋、湖泊、河流、地下水等，现在随着中国走可持续发展道路，坚持科学发展观，水文水资源工程也得到快速的发展。水文与水资源工程是国民经济基础产业——水利中的重要专业领域之一。随着社会的发展，科技的进步，水资源的自然资源基础作用已经变得越来越明显，我国在21世纪已经确立了水资源具有三大战略资源之一的地位。现在随着区域人口的增长、社会经济的发展使得水资源供需矛盾已成为全球性的普遍问题。中国作为发展中大国，水资源的开发利用和管理中存在着许多问题，尤其是水文水资源监测数据，诸如水资源短缺对策、水资源持续利用、水资源合理配置、水灾害防治以及水污染治理、水生态环境功能恢复及保护等，目前已成为亟待研究和解决的问题。而水文与水资源工程正是水资源开发利用和管理中的一门非常重要的工程技术学科。水文水资源工程包括很多课程，比如水力学、水力资源学、水力统计学等等。

二、水文水资源监测数据管理平台

随着水文水资源工程的发展，对水文水资源监测也变得非常重要，而对于如此大的资源进行监测，其数据量之巨大也是可想而知的。而且还需要对这些水文水资源的监测数据进行分析、处理、保存等具体操作，因此，简单的计算机系统或者人工已经无法进行这样的操作，所以就有了水文水资源监测数据管理平台。现在监测数据管理平台在各个领域已经有了非常广泛的应用，比如，现在熟知的大数据于此也有着非常紧密的联系，目前为止，水文水资源监测数据应用管理平台有以下几种应用：信息的发布和共享、信息的分析处理以及信息的查询与统计。这个体系看似是非常完美的，没有任何问题，但是根据相关工作人员的调查发现，它们反映了几个共同的、较为严重的问题：①这个监测管理平台中好多工作都需要使用人工进行操作，且操作难度系数高、步骤较为复杂；②监测管理平台所用到的机器都比较昂贵，成本比较高；③监测数据管理平台中对数据的处理速度不是太快，且容易出错，数据保存的时间也不是特别长。上述这些问题可以说是监测数据管理平台化所面临的几项重大挑战，对于这些问题有以下几点建议措施：①从技术方面来说，这也是最基础的，必须要勇于创新、敢于创造，加大对水文水资源监测数据管理平台技术的研究力度，已使管理平台可以处理更多的数据并降低错误率，并且提高对数据的处理速度，同时发展自动化行业，尽量使一些操作自动化，这样就能使出错率降低，且在实际对水文水资源监测时候，都是在户外一些比较崎岖不平的地方和比较偏僻、容易出危险的地方，用机器人全自动进行监测，不仅保证工作人员的安全还提高了工作效率；②从工作人员方面说，这也是比较关键的，虽说现在机器人取代了大量的人工，但是人工也是不可缺少的，因为现在的技术水平还达不到完全自动化的程度。因此对工作人员进行相关的技术培训也是必不可少的，对工作人员进行技术培训不仅可以使工作人员的操作错误率降低，以避免不必要的失误所造成的机械损坏，还可以使工作人员具有创新精神，在工作中总结工作经验，创新出更有用、效率更高的仪器出来；③不得不说的就是对数据的保存和保护，就在前一段时间，说是由于美国安全局数据的泄露导致黑客入侵，对我国多个领域的计算机造成影响，好比最近一个地区新闻报道，由于黑客入侵了科三考试系统，因此在当天所有科三考生考试都没有通过，事发当天警察立即展开了调查，当然警察的做法没有错，但是很显然已经无法弥补这次事故所造成的损失，因此管理平台应该对数据进行多层保护，以防止黑客入侵造成巨大的损失。

三、水文水资源监测数据管理平台的构造

想要研究水文水资源监测数据管理平台，当然要说的是水文水资源监测数据管理平台的构造，这个构造是相当复杂的，是由多项尖端技术共同应用的结果，这里也不做过多的介绍，但是有三点必须要清楚：①水文水资源监测数据管理平台必须要有共享功能，因为这个管理平台是非常巨大的，因此，需要多个部门进行分工合作才能完成相应的数据监测与处理，要想多个部门分工合作，就需要数据的共享，这样才能分工明确，合理有序的完成作业。②水文水资源监测数据管理平台必须要将硬件设施和软件分开，因为这个管理平台所用到的硬件和软件是非常多的，将其分开可提高管理平台的灵活性，使数据的处理分析效率更高、节省时间，同时还可以使更多的用户同时使用，实用性大大增加。③要采用B/S 结构与 C/S 结构结合的方法，这样具有最大的好处就是能够提高平台的安全性，所谓B/S 结构就是 WEB 兴起后的一种网络结构模式，WEB 浏览器是客户端最主要的应用软件。这种模式把客户端进行了统一，而且将系统功能实现的核心部分全部集中到了服务器上，这样就简化了系统的开发、维护和使用。在客户机上只要安装一个浏览器，如 Netscape Navigator 或者是 Internet Explorer，服务器安装 Informix、Oracle 或 SQL Server 等数据库，浏览器就可以通过 Web Server 同数据库进行数据交互。而 C/S 结构就是大家熟知的客户机和服务器结构。它是软件系统体系结构，通过它可以充分利用两端硬件环境的优势，将任务合理分配到 Client 端和 Server 端来实现，使系统的通讯开销得到降低。目前大多数应用软件系统都是 Client/Server 形式的两层结构，由于现在的软件应用系统正在向分布式的

Web 应用发展，因此 Web 和 Client/Server 应用都可以进行同样的业务处理，还可以应用不同的模块共享逻辑组件；内部、外部的用户都可以访问新的以及现有的应用系统，通过现有应用系统中的逻辑可以扩展出新的应用系统，这也就是目前应用系统的发展方向。

四、水文水资源监测数据管理平台的应用

其实在上文中已经简单提到了一些应用，比如数据的共享、数据处理、数据保护等。现在先讲在查询方面的应用，如此庞大的管理平台查询功能当然少不了，为了适应多用户的使用，在查询方面要做到非常简单快捷，这个平台在这方面就做得很好。用户可以根据需要随时都可以查询，而且查询相当的简单，用户只需要打开查询功能输入时间和地点，所有想了解的信息都会呈现在眼前，而且系统还会对数据进行处理列出表格以及扇形图等比较直观的格式，让用户一目了然，这个功能也是比较实用的，功能虽然比较强大，背后却有着非常庞大的技术体系作为支撑。当然监测数据管理平台的应用还有非常多，比如数据统计、评价、远程管理等等，这些应用功能之间相互配合使用，使我国的经济得到很大的提升，以及对水文水资源的保护有了很多积极的影响，对我国的发展起到了重大作用。这也是这个平台能够在多个领域得到重要使用的原因。

最后还有一个重要应用就是信息的共享。上文已经提到管理平台的信息共享，就是水文水资源监测数据管理平台各部门之间为了能够分工合作而有信息共享功能，而其实信息共享远不止这一点，还有用户和管理平台之间的信息共享，这体现在用户可以随时了解水文水资源监测信息，这样以便对自己需要的信息有一定的掌握，也好对下一步做一个简单的计划，同时方便上面所提到信息查询的使用，因此这个功能也是非常重要的。现在随着信息的大众化，信息共享也是基础的一个功能，在共享的同时也应该注意保护数据信息，防止黑客入侵，造成不必要的损失。

水文水资源是地球村村民共同享有的财产，而水文水资源监测数据管理平台则对世界人民保护水文水资源起到了重大的作用。因此世界的政府及相关单位应该大力提倡使用，并加大对这一管理平台的研究力度，对这一管理平台进行改造升级，以使这个管理平台具有更加强大的功能，以便于更出色的保护水文水资源。

现在由于人类的发展需求，环境污染越来越严重，尤其是水污染，有些地区水污染已经非常严重，居民甚至不能正常的生活。因此保护水源人人有责，让我们共同努力，捍卫人类赖以生存的家园，保护人类生活生存所必需的水源。

第五节　物联网技术在水资源监测中的应用

水资源是自然生态系统重要的物质资源，也是人类经济社会系统发展的重要基础支撑

物质资源。随着经济社会的发展和人口的增加，以及自然条件的变化，我国在水资源领域面临着严峻的挑战。水资源短缺日益成为世界各国关注的焦点问题之一，作为世界上人口最多的国家，我国水资源总量居世界第6位，人均占有量为2240m^2，仅为世界人均的四分之一。我国城镇附近水体受污染率已高达90%，适宜饮用的洁净水源已经所剩不多，对数亿人口饮用水的安全构成了重大威胁，加大保护水源的力度将是关系到国计民生的大问题。对水资源进行监测和管理无疑成为解决水资源污染以及短缺的重要手段。物联网技术的出现，则为解决水资源污染以及短缺的问题提供了新思路与新方法。

一、水资源监测的发展状况

在信息技术不够发达的时候，水利管理部门对水资源的监测与管理主要是采用人工监测，人工检测的缺点是花费时间长、劳动量很大且发现的问题少，只能监测到很少的水资源信息种类，并且时效性非常差。

单片机和智能仪表的出现，使得水资源的监测进入了短距离的自动监测时代，但是这种监测只能应用于单个的水资源监测站点。随着网络技术的发展与普及，可以将单个的水资源监测站点通过网络连接，从而形成一个具有一定规模的水资源监测网络，节省了较大的人力。但是随着使用规模的扩大以及监测时间的增长，发现该方式需要大量的计算机来进行监测，并且在部署时要使用总线控制，会导致资源的浪费且不利于监测网络的再扩展。

随后，无线通信技术被应用到水资源的监测当中。在监测时得到的水资源信息可以通过有线或者无线的方式传输到监测中心，监测中心将根据获得的信息做出相应的处理。但由于市场上销售的数据传输单元种类太多，各品牌的产品互相兼容性太差，不利于形成一个统一的监测平台。

二、物联网技术的体系结构

物联网（Internet of Things）是利用传感器、无线射频识别技术、红外感应技术、全球定位系统等各种感知技术和设备，将物理世界的物体通过网络接入技术与网络相连，从而获取物理世界的各种信息，实现人与物、物与物之间的信息交互，以达到可以对物体进行智能化的识别、感知以及管理。

物联网技术的体系结构通常被分为感知层、网络层以及应用层。

感知层位于体系结构中的最底层，是应用层的基础，采集数据和短距离传输数据是感知层的主要任务。首先是感知设备进行物理世界信息的采集，然后将采集到信息通过BLE、ZigBee、红外灯传输技术传递到网关设备。

网络层主要进行信息的传递。网络层包括核心网和各种接入网。核心网是基于IP的统一、高性能、可扩展的分组网络，支持异构接入以及移动性；接入网为终端提供基本的网络接入功能、移动性管理、对现有接入技术的优化等。网络层的作用就是当感知层中的感应设备将物理信息传输到网络节点后，再通过网络层中的移动通信网络、互联网和其他专用网络连接各个服务器，以使客户可以根据自己的需要获取物理信息。

嵌入式系统一般指非 PC 系统，有计算机功能但又不能称之为计算机的设备或器材。它的目的是应用，基础是计算机技术，并且对软件和硬件可以进行裁剪，能够满足应用系统对功能、可靠性、实时性、成本、体积、功耗等指标的严格要求的专用计算机系统。具有系统内核小、专用性强等特点。

三、物联网在水资源监测中的关键技术

物联网在其体系结构中的每个层次都有不同的关键技术。主要是使用了传感器技术、ZigeBee 无线通信技术和嵌入式技术。

（一）传感器技术

传感器是物联网技术在感知层使用的设备，是与物理世界进行交互的重要方式。传感器技术是实现自动测试与自动控制的重要环节。其主要特征是能准确传递和检测出某一形态的信息，并将其转换成另一形态的信息。现在传感器技术被广泛应用，从航空、航天等领域到农林、环保以及人们得衣食住行等生活的方方面面。

在水资源监测中，主要使用的传感器有温度传感器、PH 感器、电导率传感器、雨量传感器、水质传感器以及水量传感器等等。这些传感器采集到的信息，通过 GPRS/CDMA 通道，上传到水资源监测中心，监控中心的管理人员将及时监视现场情况，准确做出判断，及时进行处理。

（二）ZigBee 无线通信技术

ZigBee 技术有自己的无线电标准，在数千个微小的传感器之间相互协调实现网络通信。由于传感器的功耗很低，通过接力的方式利用无线电波将数据从一个传感器传到另外一个传感器，因此 ZigBee 技术的通信效率非常高。ZigBee 的组网方式是自组网，不经过人为的任何操作，设备之间只要彼此在网络模块的通信范围内，通过彼此自动寻找，很快就可以形成一个互通互联的 ZigeBee 网络。基于 ZigeBee 的这些优点，ZigBee 无线通信技术被广泛应用在智能家居、工业控制、自动抄表等领域。

在水资源监测中，各传感器通过 ZigBee 技术讲采集到的信息传输给网络层的协调器，协调器将接收到的信息进行融合处理之后再传输给用户。各传感器之间不需要通过其他设备来进行数据传输，方便各监测节点的部署，有利于升级系统。

（三）嵌入式技术

据了解，强校工程与"名校长名师培养工程"紧密结合，通过配备和培养，让每一所强校工程实验校都拥有一名市级名校长、两名名师。目前，116 所实验校都配备了一名前

三期市级名校长或已申报第四期"双名工程"领衔人或学员。名师配备也在加紧进行，其中，25所学校已拥有特级教师或前三期"双名工程"成员。同时，强校工程由市实验性示范性高中、优质品牌初中学校领衔组建紧密型集团或学区，支持实验校建设。

在水资源监测中，对水资源信息进行监测所使用的传感器以及智能仪表，还有传输数据的终端机，基本上使用的技术都是嵌入式技术。嵌入式技术已经成为水资源监测中必不可少的一项技术。

在水资源监测中使用物联网技术，可以准确、快速的采集到水资源中的信息，并可及时传输到管理部门的终端机，使得管理人员可及时根据情况做出应对措施以及处理意见，提高了工作效率，减少了人力以及财力的浪费，同时也提高了水资源的质量，从而保障了人们的正常生活。

第六节 测绘技术在土地资源调查和监测中的应用

现代测绘技术定位灵活、获取信息速度快、精准度高且覆盖范围广泛、操作简单便捷，已经成为一种被广泛应用于社会多个领域的高效获取信息的技术手段。将其运用到土地资源调查与监测中，能够快速获取现势空间数据，为此工作提供许多便利。本节主要对测绘技术在土地资源调查与监测中的应用做一番探讨，以供参考。

土地资源调查与检测在土地资源的规划与利用中有着重要的作用，但因为我国地形地势条件复杂，再加之在调查过程中存在不确定因素较多，因此高速精准的数据并不容易获取，但将测绘技术应用到土地资源的调查与监测中，则能将复杂烦琐的调查工作信息化，进而快速获取土地资源的各项信息数据，为土地资源的管理与规划工作提供便利。本节主要分析几种常见测绘技术在土地资源调查与监测中的具体应用。

一、全球定位系统的应用

全球定位系统（GPS）是一种常见但非常重要的现代测绘技术，其具有定位速度快、精准度高、操作简单便捷、全天候作业以及提供3维坐标等特点，因此在土地资源的调查与监测中有着重要的作用，尤其是GPS技术能够实现全球信号的连续覆盖，因而在现势空间数据的获取方面具有很大的优势，也被广泛应用于土地资源调查中的空间数据定位以及采集工作中。我国的全球定位系统发展于80年代，在经过较长时间的探索与发展之后，现在的GPS技术已经研究发展出了GPS硬件与掌上电脑的集成系统，GPS硬件与掌上电脑的集成系统在土地野外的调查中具有很大的优势，不仅空间数据获取速度快，且精准度高，也能有效的应对野外各种客观因素对调查工作的干扰，确保土地资源获取的连续性。同时，将PDA应用于土地资源野外调查工作中，还能够实现信息数据的存贮，能有效防止信息数据的遗失，也能通过注入 PDA 的土地变更软件实时更新土地利用图件，为土地资源的调查工作提供最新的土地资源信息。除此之外，GPS 技术最大的优势就是能有效应对变更图区域内形状、大小不规则的情况，能够准确测量出变图斑；此外，将数码摄像头与 GPS 卡集成到 PDA，就能够实现自动化的草图绘制，省去了人工绘制草图的步骤。

二、地理信息定位系统的应用

我国的地理信息定位系统（GIS）发展于 20 世纪 80 年代，处于初期发展阶段中的地理信息定位系统在土地资源的调查与管理中并未得到广泛的应用。但在经过一段时间的发展后，于九十年代初，各类基于地理信息定位系统的土地利用数据库开始建设使用，现在，地理信息定位系统在土地资源的调查与监测工作中已经取得了非常广泛的应用，尤其是基于地理信息定位系统建成的地理信息数据库，为土地资源的调查与监测工作提供了很大的便利。地理信息定位系统在土地资源调查与监测中的应用主要是对土地利用属性与空间数据的分析以及描述，并能在精准的分析后表达、输出土地利用的相关数据，为土地资源的利用、规划、管理与保护工作提供重要的参考信息。分析当前地理信息定位系统在土地资源调查与监测中的应用现状来看，未来的土地利用信息数据库将会建立起更加专业化、规范化的网络平台，而土地利用数据库的建设也会更加的制度化、系统化、集成化、标准化。

三、遥感技术的应用

遥感技术同样是一种非常重要的测绘技术，其具有多光谱、全天候工作、信息量大且丰富、信息获取周期短等特点，因而在土地资源的调查与监测中也有广泛的应用。土地资源的调查与监测工作对于遥感技术的应用一是在土地的动态监测方面，例如，当城市建设需要占用耕地时，就可以利用遥感技术动态监测耕地区域以及耕地周边区域的各项信息，为土地的规划、利用与管理工作提供全面准确的信息数据。土地资源的调查与监测工作对于遥感技术的第二大应用是在土地利用更新调查方面，简单来说就是土地的变更调查。在进行土地的变更调查时，需要结合基础的地形图，利用遥感技术获取的航天正射影像图与现势性航空，形成现势土地利用图，再将新获取的土地利用图与原有的土地利用图进行套合对比，之后经过实地的调查绘制，补充完善新成的土地利用图，即完成了土地利用的更新调整。土地资源的调查与监测工作对于遥感技术的第三大应用是在城市潜在利用价值评估与农村产权调查方面，在城市潜在利用价值评估中，可以利用遥感技术辅助调查城市现行利用情况以及耕地集约利用潜力方面的信息数据，为评估工作提供信息数据方面的支持；而在农村产权调查工作中，则可以利用遥感技术中的航空航天调查手段，为产权调查工作提供相应航天航空数据，省去人力的调查，既节省时间也节省调查成本，并且调查结果的准确性也能得到有效的保证。

四、3S 集成技术的应用

3S 集成技术即 GPS、GIS 以及 RS 三种测绘技术的集成。将全球定位系统地理信息系统以及遥感技术有机结合起来，将此集成技术应用于土地资源的调查与监测工作中，能够极大的提高调查监测的精准度与效率。3S 集成技术具有系统性、动态性、时效性以及整体性等特点，并且在三种测绘技术的支持下，3S 集成技术能够形成一个针对调查区域的动态观测、分析与应用的运行系统，此系统能够满足空间数据的获取，实施动态地图的绘制以及土地利用的实时更新等多项土地资源的调查与管理需求，因此在土地资源的调查与监测中应用广泛。当前土地资源的调查与监测工作对于 3S 集成技术的应用主要表现在以下几个方面：一是对土地监测调查数据的野外采集、分析、处理以及数据产品的生成方面；二是在土地的动态监测以及土地利用信息的实时更新方面。对于 3S 集成技术的具体应用我们以一实际的应用案例进行说明：例如，在土地的变更调查中应用 3S 集成技术的示范项目，在为期两年时间的示范运用与调查后，全面完成了土地变更信息的采集与处理工作，并且采集的时间短而且精准度高，从根本上改善了传统变更方法与变更模式耗时耗力、精准度低且工作效率低等问题，有效的降低了土地调查变更的劳动强度与工作量，同时也有效提升了数据获取的准确性，提升了工作效率。

五、数据处理与提取技术的应用

数据处理与提取技术主要是指基于遥感技术的土地调查、监测数据的处理技术与提取技术。近年来，GIS 技术以及 RS 技术在土地调查与监测以及土地利用管理评价体系中的应用日益完善，与此同时，数据处理与提取技术在土地资源调查、监测以及利用中的应用也逐渐精进。具体表现在以下几个方面：首先是结合以往的土地利用动态监测技术的研究与实践经验，总结以及发展出了多种土地利用变化信息的提取技术与方法，像是主成分差异法、异常光谱检测技术、差异主成分法、分类后比较法以及多波段主成分变换法等，实现了土地利用信息数据的自动化提取，极大地提升了土地利用管理工作的技术含量。其次是借助现代计算机技术，研究发展出了"基于土地利用图斑单元的变化自动检测法"，这种方法的本质是一种应对土地利用变化信息的数据处理技术。在土地利用变更工作中应用该种数据处理技术，能将所获取的遥感影像图与土地利用现状图进行叠加，在叠加图像的基础上，再借助相关类别信息以及斑图边界的指导，按照具体的像素单位以及斑图单元，将影像图上的各区域划分出不同的类别，之后分层次计算影像图上待机算区域的影像特征值，将计算出的影像特征值与数据库中选取的土地利用数值进行分析比较，便能精准检测出变化的具体区域。

综上所述，测绘技术在土地资源调查和监测中有非常重要的作用，不仅能提高调查与监测的效率，还能提升调查与监测的质量。因此，相关部门应加大对测绘技术的研究与革新,最大程度发挥出测绘技术在土地调查与监测中的作用。

第七节 森林资源监测中地理信息系统的应用

森林资源具有调节气候、保持水土、净化空气等多种生态调节作用,对于人类的可持续发展来说至关重要。而现阶段由于管理上的疏漏,我国的森林遭受到了大面积的破坏,森林的覆盖率急剧下降。因此,我们需要利用新的技术实现对森林资源的合理开发和保护。而地理信息系统是新阶段用于检测森林资源的有效技术,通过它我们可以及时掌握森林资源的详细信息,进行动态的监测与管理。

一、地理信息系统的功能简介

传统的森林资源管理与监测方法过于简单化,主要关注的是森林的面积,缺乏对生态环境、景观及立体的资源信息的关注。而管理工作只是局限于数据的处理,图形的绘制也是依靠手工进行操作。为了提高对森林的管理效率,现阶段提出利用地理信息系统进行森林资源的动态监测与管理。地理信息系统是本世纪新开发的管理技术,利用信息学、空间学和地理学等多方面的学科知识,进行数据的采集、监测、编辑、处理和存储,并且具有空间分析、图形显示与信息输出等多方面的功能。地理信息系统的功能十分强大,可以实现多方面、立体化的资料收集,并对各种资料进行贮存、修正、分析和重新编辑,为综合的、多层次的森林资源管理与监测奠定了基础。一般情况下,地理信息系统是由四部分组成的,分别是数据输入系统、数据库管理系统、数据操作和分析系统、数据报告系统。其中输入系统主要是收集和处理来自地图及遥感仪器等收集的空间和属性数据;数据管理系统主要是进行数据的贮存和提取;数据操作系统主要是进行由函数式及动态模型等组成,进行数据的操作处理。数据的报告系统主要是在相应的设备上对数据库中的各类数据处理和分析的结果进行显示。通过四个功能的依次操作,最后我们可以在三维坐标中,观察到直观且立体的资料,或者是图表的报告,方便我们下一步的调查分析。

二、地理信息系统在森林资源管理中的应用

(一)森林在具体的资源管理中的运用

1.森林的职员档案管理森林资源需要进行档案的管理,而传统的管理方法是按照二类调查的小班卡、林业调查图或者统计报表等进行统计。工作人员通过调查进行数据库的建立,以小班为单位进行数据的统计,最后建立资源档案管理库。一般情况下是每年进行数据的更新。在这种管理模式下,工作人员只能是对森林资源的数据情况进行分析,手工绘

制图件或者按照自己的理解绘图，数据和图形对应较差，很难实现数据的可视化。而现阶段我们使用的地理信息系统是使用计算机进行数据的收集、分析和绘图，采用一体化的设备实现图形与数据库有机结合使森林资源档案的管理更加科学高效。此种新技术所具有的优势主要有可以实现属性与图形数据双向查询，同步更新，而且该系统可以将数据库纳入为属性数据库，进行资源数据的统计报表和空间数据的制作。

2. 森林结构的调整通过地理信息系统的监测，我们首先可以对森林的林种结构进行调整，规划河岸防护林、自然保护区、林区防火隔离带等生态公益林区，通过分析防护林的比例和分布范围进行合理的林区布局调整。其次，可以对树种结构调整。该系统可以通过调查区域内各小班的地形情况和土壤情况，在三维空间图中显示地形的特征，帮助工作人员因地适宜的进行树种结构的调整。最后该系统可以对森林树木的年龄结构进行合理调整。根据森林的可持续发展的需要以及地区的地形特点和生态的效益等，进行合理的分析，最后确定合理的年龄结构，使各龄组的树木比重逐步趋向合理，充分发挥森林的潜力。

（二）地理信息系统在森林资源动态监测中的应用

1. 林业用地及森林分布变化的监测，林业用地的变化主要可以分为林地的类型和林地面积两个方面的变化。由于传统的数据只是反映出数量的变化，由于地理环境复杂，很难对具体的变化图形进行准确的描述。但是在使用地理信息系统进行林区的监测时，我们可以将不同时期的调查数据进行计算机的分析，不仅可以准确地分析出不同的区域的数据变化情况，而且还可以在空间水平上将数据以图形的形式表现出来，落实到具体地块上准确的分析林区的空间分布规律，为相关的工作决策提供依据，及时的进行林业生产方针政策的调整。

2. 自然灾害的监测通过地理信息系统，我们还可以实现对森林病虫害的预报和预测工作。在森林虫害发生时，通过这种先进的技术，我们可以对森林的虫害发生情况进行强的地域的监测，按照事件的种类、危害程度以及区域的面积展现出的数据，制定准确的应对措施。

3. 其他内容的监测此外，还可以利用地理信息系统的先进技术，对森林火险进行监测，及时发现危险，建立预测预报模型，进行森林火险预报。并且可以通过监测森林的防火状况，建立森林防火指挥系统。另外，我们可以对森林的荒（沙）漠化情况进行监测，通过计算机技术，建立荒（沙）漠化数据库，为荒漠化治理、规划和管理监测提供依据，以提出正确的荒（沙）漠化防治措施。最后，地理信息系统还可以应用在野生动物的管理、林区的开发管理、林政管理、人口管理和林区基础设施的建设管理等方面，实现林区的规范化管理，促进人与自然的和谐相处。

综上所述，为了更好地实现科学的林区环境和森林资源的管理，我们应该合理的应用现代的地理信息系统，利用计算机进行数据的分析、图形的绘制。根据实际情况进行合理的分析和规划，保证森林资源的合理利用，在追求经济利益的同时保证生态效益，促进林区的可持续发展。

第五章　林业勘察理论研究

第一节　新形势下林业勘察设计理念的优化

经济社会的发展不仅带动了城市化发展，也对我国林业发展产生了重要影响。林业勘察设计需在相关的规章制度和设计理念上推行多元化发展目标，在创新思想下促使我国林业更符合新形势发展需求。

一、传统林业勘察问题所在

（一）思路的局限性

传统林业勘察的最终目的在于优化当前林业发展，因此其勘察设计落足于林业发展存在一定局限性，忽视了林业发展对我国社会化建设和生态化建设的服务能力。由于传统林业的实施目的在于经济效益并非生态效益，因此，在勘察思想上更重视经济性，忽视了对环境和社会资源的有效整合。思想的局限性造成林业发展在设计局限下仅停留于植树造林促进经济层面，无法在新形势下对我国生态建设产生有益影响。

（二）工作的滞后性

以往林业勘察工作的最终目标与工作重点在于林业开发，具体而言为针对林业种植、采伐展开相关工作，让林业更具经济型发展趋势。但是，这种发展工作处于滞后状态，勘察的目的并非促进林业发展，而是在林业发展后如何利用，属于不科学、不健康的发展观念。同时，部分勘察设计存在明显不恰当性，如在喀什地区2015年以来新营造的树种明显单一化，虽然种植面积大，但单一种植下无法通过多结构林木的组合实现多元化林业建设，且缺乏防护技术与种植技术，导致当地林业发展停滞不前。

二、勘察设计理念优化策略

（一）强调生态服务建设

传统林业勘察思路在顺序上往往是先行勘察后，按照勘察结果调整实际工作。在这一过程中，若存在做法上的误区，往往会一环接一环导致严重后果。以往勘察设计中并没有过度关注生态建设，只将目光放在当前林业种植状况，忽视了可持续发展，无法充分利用勘察结果，最终导致阶段性设计方案与实际情况和发展需求不相符，设计缺乏全面性。在生态服务建设理念指导下，林业勘察设计必须在充分了解当地生态状况和基本信息的基础上展开设计，树立服务性思维，让勘察的重点不仅放在林业发展上，还应考虑社会化建设和现代化建设。

（二）深化勘察设计理念

新形势下，勘察设计理念必须有所深化，而非停留在单一层面。应结合城市发展、人文景观、旅游资源等，在林业设计中融合当地文化，建立文化特色和生态特色的林业模式。对于勘察设计人员，首先应确保勘察的真实性，在多元化思维下大胆设计。其次，应强调森林资源的保护性，并与其他资源相联系，实现多元化科学发展。最后，合理利用林业资源，虽说可获取部分经济收益，但不可过分重视，避免林业资源不可逆受损，要禁止一切非法毁坏行为，做到对林业资源的深层次和可持续性的合理利用。

（三）优化勘察方式

纵观世界林业发展状况，我国相较于发达国家仍存在部分差距。在林业发展上，传统手段为测绳和皮尺。随着科技的发展与社会的进步，地形图、罗盘仪以及油锯等工具逐渐应用于勘察设计。如今，卫星定位系统和地理信息系统的普及，使GPS、卫星照片等手段有了广阔的发挥空间。在科学技术的影响下，林业的勘察手段同样需要有所改进。可借鉴国外先进的勘察手段与设计理念，结合我国普及的工具仪器，让勘察设计与技术以科技手段为支撑，适应新形势的工作要求。

（四）正确面对当前形势

随着我国国际地位的不断提升，若在林业发展中仍秉承陈旧思想，会直接制约林业的长远发展。在勘察设计方面，落后的观点会直接影响勘察设计质量，无法及时发现目前林业发展中的问题。在环境改变背景下，我国林业逐渐出现了水土流失的情况，在勘察中必须加以重视并做到心中有数。考虑到当地环境承载能力，需促使林业资源得到更长远的发展。在水土安全基础上，要为林业的发展制定正确方向。勘察设计者必须认识林业建设与环境问题的关联，只有在水土资源、生态资源、环境资源、水资源以及土地资源均衡发展下，才能够为林业发展提供良好的环境。

（五）更新相关制度

目前，我国林业勘察设计采用的制度规定与文件大多较为陈旧，已经不适应新形势的发展需求。尤其是近年来我国不少地区颁布了环境保护与林业经济相协调的相关文件，强调了对林业植被的保护、降低了植被消耗量、减轻了水土流失。但是，在具体的方案措施上并没有形成条理性与规定性。因此，林业勘察人员应充分了解与展望林业发展趋势，相关管理者要在规定标准、技术要求以及政策等方面有所革新，为林业的勘察设计提供支撑。

林业勘察设计在林业发展中处于重要位置。一直以来实施的《有关强化林业发展的部署》，已经无法满足新形势下对林业发展的实际需求。要想让我国生态环境不断优化、林业发展实现长足发展，必须根据林业实际状况更新设计理念，实现经济与生态的双重发展。

第二节 新形势下林业勘察设计

林业勘察设计工作不仅需要技术人员掌握相应的专业技能，还需要技术人员具备较高的职业素养以及思想觉悟。但是，很多相关工作人员并没有真正认识到林业勘察设计工作的重要性，也没有给予足够的重视，不仅不利于林业勘察设计工作质量和效率的提升，也对林业资源的合理利用带来了一定的影响。

一、林业勘察设计工作的作用

（一）有助于明确林木的使用权和所有权

随着国家对林业发展的愈发重视，林地承包规模和数量得到了显著提升，有效推动了森林覆盖面积的增加，也推动了林业的蓬勃发展。但是，随着林地承包规模的不断扩大，林木使用权和所有权冲突等林业经济问题也愈发突出。而重视并加强林业勘察设计工作的开展，并以客观、公平的勘察设计结果作为林木使用权和所有权的划分依据，不仅可以有效地缓解和平息因林业经济而产生的纠纷，并保护林业承包者的合法权益，也有助于林业承包行业的规范化发展。

（二）可以为林业生产建设工作提供依据

林业不仅具有较高的经济效益，也具备较高的生态效益和社会效益，所以，林业建设工作应以当地生态平衡以及林业的可持续发展为基础。但是，很多地区在林业经营管理上还存在侧重于经济效益的现象，不仅容易引发林业资源过度采集的问题，也不利于当地生态平衡的维护。而通过林业勘察设计工作的开展，可以获得更为全面、准确的林业信息，不仅可以为当地林业规划和林业建设工作提供更加有效的数据支持，还有助于提高当地林业生产决策的科学性和有效性。

（三）有助于提升林业资源保护工作质量

随着社会和经济的不断发展，对林业资源的需求量也在不断提升，极大地增加了林业资源的消耗，也容易引发各类气候和环境问题。而加强林业勘察设计工作的开展，可以全面、深入地掌握林业资源以及森林的实际情况，从而为林业资源保护决策以及保护工作的开展提供详实、准确的数据依据，不仅有助于提升林业资源保护工作水平，还有助于促进林业的可持续发展。

二、新形势下提高林业勘察设计水平的措施

（一）加强林业勘察设计沟通平台的建立与完善

各地区的林业勘察设计工作普遍具有涉及部门较多、工作内容较为复杂等特点，但是，却缺乏足够完善的林业勘察设计沟通平台，使得林业勘察设计相关部门之间缺乏有效的沟通与合作，不仅容易导致部分工作内容的重叠以及林业信息的冗余，也不利于林业勘察设计工作质量和效率的提升。所以，建立完善的林业勘察设计沟通平台，是提升林业勘察系统功能与成效的重要举措之一，不仅有助于协调好各部门之间的配合与协作，还有助于制定出科学、完善的林业勘察设计方案。

（二）加强林业勘察设计工作的信息化建设

林业勘察设计工作需要根据当地的林业分布以及森林覆盖面积进行规划和开展，使得林业勘察设计工作的工作量较大、工作内容较为烦琐，极大地提升了林业勘察设计工作的难度。而将信息化技术合理运用到林业勘察设计工作当中，例如，利用信息化设备对林地面积、林地物种以及林木生长情况等信息进行勘察、记录和保存，不仅可以有效避免林业相关信息遗漏等情况的发生，从而确保林业相关信息的完整性和准确性，还便于对林业信息进行整理、分类以及调用，对于提升林业勘察设计工作的质量和效率有着积极的促进作用。

（三）合理应用 GPS 定位系统

GPS 定位系统在林业勘察设计工作中的运用，主要是在林业勘察以及林地测绘等几个方面。首先，在林业勘察工作中，原本由人力难以有效实现的工作可以借助 GPS 系统来完成，例如，利用 GPS 系统对森林样地进行准确定位，从而方便林业勘察后续工作的实施；其次，在森林面积和地形测绘工作中，工作人员不仅可以利用 GPS 系统对林地面积进行测量，还可以对当地林地覆盖面积等情况进行全面、翔实的了解，从而为林业勘察工作提供更加准确的数据支持；最后，GPS 系统还可以应用于林地资源管理工作中，例如，利用 GPS 技术对林地各个区域进行实时监控，避免违规占用林地等情况的发生，同时，在出现乱砍滥伐等森林资源盗取和破坏事件时，也可以利用 GPS 技术对破坏地点以及破坏面积等信息进行准确定位和收集，并为后续的林业资源破坏案件处理提供有效的信息依据。

（四）加强林业勘察设计人才的培养

专业人才是林业勘察设计工作的主要参与者和执行者，对勘察设计工作质量和效率有着直接影响。由于林业勘察设计工作涉及领域较多、工作内容也较为复杂，对工作人员的

专业技术水平以及知识面有着较高的要求，这就需要有关部门重视并加强林业勘察设计人才的培养工作。首先，有关部门应贯彻"科教兴林"的理念，制定科学、完善的工作人员培训计划，将树苗选择和培育以及病虫害防治等领域的新技术、新知识纳入到培训内容中，加强工作人员专业知识以及岗位责任意识的培养；其次，有关部门应加强对专业人才的招聘和考核，通过更好的待遇以及更加科学的筛选考核机制，吸引更多的优秀专业人才加入林业勘察设计团队，推动林业勘察设计工作的科学化、规范化发展。

总之，林业发展对我国城市建设以及社会经济发展有着重要影响，而林业勘察设计工作则是林业管理的重要组成以及管理依据。这就需要有关部门认识到林业勘察设计工作的重要性，积极研究勘察设计工作中的实际问题，并投入更多的资源以及精力进行改进和完善，从而促进林业勘察设计工作水平的提升。

第三节 新形势下林业勘察设计要点

过去，由于人们的技术水平不高、国家相关政策不完善，林业勘测工作迟滞不前。在新形势下，林业勘测得到重视。林业勘测设计工作需要相关工作人员有很好的业务能力，也需要他们在思想认识上对林业勘测加以重视。

一、林业勘测的实际应用

在新形势下，林业大多都以承包的形式开展建设，这使林业发展方式变得多样化，但是也让林业中相关的个体有了权益纠纷。因为林业勘测注重公平性和客观性，所以林业勘测在解决林地所有权和使用权方面有很重要的作用。

林业勘测还可以为林业建设提供有效信息，使森林保护工作顺利开展，保证林业高水平建设、高效率发展。实际建设中，一些地区林业环境被严重破坏，林业资源被大肆掠夺，生态环境保护现状与地区经济发展很不平衡。林业勘测可以为相关部门提供准确的林业信息，使林业工作人员可以根据充足的信息对森林开展保护工作。

二、勘测设计要点

（一）加强信息收集整合

我国是一个林业大国，森林面积非常广阔，在实际进行林业勘测作业时，对完整的林业进行勘测、调研和规划有很大的困难。由于面积广，相关工作人员在收集林业信息时，工作量很大。对于这样的情况，相关信息部门可以建立一个林业信息服务平台，将收集的信息传到信息平台上，然后整合各区块信息，将一些比较基础的信息传到信息平台中，如我国林业面积、树木的种类等。这样工作人员在进行林业勘测时会减少很多工作量，利于林业建设。

（二）加强勘测设计人才培养

在林业勘测工作中，勘测设计内容多且复杂，工作人员需要储备丰富的知识体系和较强的专业技术水平。在进行人才招募时，相关勘测设计公司应提高招聘要求，设计高门槛，这样可以提高勘测设计人员的学习动力。在企业内部，可以定期提供人才培训课程，邀请相关专业技术专家进行讲座，不断的丰富工作人员的知识储备，提高技术水平。企业也可以设置一些考核项目，对员工进行知识技术考核，设置相应的奖惩制度，调动员工的工作积极性。这对于建设专业的林业勘测设计团队有很大帮助。

（三）加强技术应用

随着社会不断发展，我国科学技术水平有很大进步，科学技术的应用对林业勘测工作有很大帮助。想要实现高水平、高效率的林业勘测，让林业建设持续健康发展，就要运用先进的科学技术。在林业勘察设计中，有关部门应积极引入先进的栽培技术，培养高质量林木。引入自动灌溉系统，防止因为干旱造成林业质量下降，同时，要重视病虫害防治技术。

（四）完善沟通平台

有些地区将勘测、设计、规划工作下发到不同的行政部门，这些部门不能及时、有效的沟通，导致各部门往往是独立开展工作，造成不必要的人力资源浪费，不能发挥整体的作用。在林业勘测设计中，需要重视整体工作的开展，可以建立有效的工作沟通平台。

随着环保工作的开展，林业勘测设计工作得到了重视。新形势下，应该加大改革创新力度，提高勘测设计水平。林业勘测设计对林业发展有很好的指导意义，必须要重视林业勘测设计工作。

第四节　新形势下林业勘察设计理念的转变

在新的经济发展形势下，国家、新疆维吾尔自治区出台了许多规章制度，其中很多方面都明确指出要加强对林业勘察设计理念的转变，强化林业的发展作用。因此，有关部门对林业发展给予了高度的重视，根据目前状况以及传统的林业发展趋势以及转变趋势来制定新的林业勘察理念，制定新的设计理念、设计目标、发展目标、发展方式等，以强化林业发展，转变勘察设计理念。在新形势下，我国已经走向了建成小康社会，而实现林业勘察设计理念的转变则是小康社会建设的必不可少的条件之一。相关从业人员必须要充分认识到林业发展的重要性，充分认识转变勘察设计理念的重要性，并且在未来的工作当中树立新的理念，转变传统思想，只有这样才能保证林业的稳定发展，促进社会建设。

一、切实为生态建设服务，实现分类经营

传统的林业勘察思想通常都是先进行勘察，然后根据勘探结果进行实际的设计工作，然而在这一过程中许多错误的做法都不能改变，从而造成了一错再错的严重后果。在以往的勘察设计中，由于对于生态建设的关注程度还不够，对于勘察结果的利用也不够充分，最终的设计方案往往不够完备，与实际情况不相符合，这样的勘察设计结果将会造成严重的损失。因此，在勘察设计中需要摒弃传统的观念，做到全方面、多元化的勘察，在设计之前要充分了解地区的基本信息和生态状况，利用科学的技术方法展开合理的设计工作，利用现代化理念进行设计是关键所在。由此可见转变理念是林业建设的重中之重，树立服务性思维，从多个角度进行林业勘察设计工作不仅能够促进新形势下林业的发展，而且能够有效促进现代化建设和社会化建设。

传统的林业勘察工作通常以开发作为工作重点和最终目标，以开发为中心来开展采伐、建筑、或者种植等工作，然而这种形式的林业发展是不健康、不科学的。近几年来，随着对于生态环境的重视程度不断加深，国家鼓励和支持生态建设，提倡可持续发展，因此林业设计理念也开始进行转变，传统林业以经济效益为主，而新形势下的林业则以生态效益为主，这就是一种理念上的成功转变。此外在林业勘察设计上也实现了相应的转变。当前，林业对于人们来说是必不可少的，人们对于林业的需求也不再是以往的物质需求，而更多的是生态需求。因此，在进行林业勘察设计时就更加需要树立生态理念，以生态建设为主，最大程度的显示出林业的生态功能，最大促进林业对于生态建设的作用效果，促进林业对于生态的服务功能。另外，林业发展还应当充分响应"中国梦"的理念，制定相应的管理措施和建设措施，整合有关社会资源和环境资源等。采取科学合理的经营管理模式，实现多元化的林业建设与发展，体现多元化的林业勘察设计理念。

二、熟练运用最新的技术要领和规程，掌握当前林业的相关法律法规

在现代化的今天，经济发展迅速，科学技术发展水平也相对比较高，许多人认为只要进行技术研发，不断提高技术水平，进行科学技术的合理应用就能有效解决一切问题。然而当人们真正处于一个科学技术飞速发展的时代下，许多从前没有出现或者没有意识到的问题都迫切地需要解决。但是许多问题都没有得到足够的重视，人们的思维还停留在传统阶段，没有实现思想观念上的转变。甚至还保留了许多比较陈腐的观念。对此必要进行思想观念上的革新，引进新的观念、树立新的意识，从而更好地进行林业勘察与设计。从整体上来讲，转变思想观念是一种必然的发展趋势，同时也是保证行业可持续发展的关键。在实际勘探过程中必须要充分认识生态环境的作用和状况，考察实际的环境容量，对环境问题进行详细的分析与研究，只有将最根本的环境问题解决，才能更好进行后续的林业建

设，保证林业的可持续发展。土地资源、水资源、环境资源、生态破坏程度、水土流失程度等都是在进行林业勘探设计之前所需要全面了解的信息。对于信息的搜集与探究能够有效帮助进行合理的林业勘察设计，并且一个科学的理念同样是需要以实际环境状况为基础的。因此，有关部门和有关人员一定要树立新的思想观念，从而保证林业的健康发展。另一方面还需要进行实施方案、问题解决措施等方面的更新换代，不断提高林业勘察技术，实现技术和思维的有机结合。

目前有关林业勘察设计的文件、规定、制度等有许多，但是大部分的文件都比较陈旧，已经与现代化的发展趋势不相符合，不再能够服务于新形势下的林业状况。对此，国家林业局、自治区林业厅已经对这些陈旧的、不符合现代规定要求的文件等进行了一系列的清理工作，并且根据新的发展形势和发展要求制定了新的政策法规文件。

特别是近年来国家、自治区先后颁布了关于林业经济与环境保护相协调的文件，这个文件颁布的一个重要目的就是为了实现林业经济与环境保护的相互协调，保护植被，减少植被破坏，降低植被消耗量，从而减少因植被减少而造成的水土流失等一系列的问题，进而实现对环境的保护，保障林业经济的正常运行与发展。

以喀什地区2015年以来大规模人工营造生态林为例，新营造的树种比较单一，结构相对不合理，虽然面积比较大，但是大多是单一树种造林，没有实现多种林木和多种结构相结合的多元化林业建设。其次种植技术和防护技术比较落后，有关措施和问题解决方案也比较简单，并不能有效解决复杂性问题。许多措施和方案也没有形成一个完备的规定性和条理性。针对以上这些问题，有关林业勘察人员应当充分掌握新形势下的林业的发展趋势，了解当前的新政策规定、技术要求、规定标准等，并且能够熟练运用这些法律法规，以保证林业勘察设计能够按照规定的标准。依照一定的法律章程来开展工作。

三、以科技手段为支撑

在当代，社会科学技术是支撑行业发展的一大关键，可以说，林业的发展同样也需要科学技术的有力支撑。喀什地区林业发展的起步晚、底子薄，发展比较缓慢，有关技术无论是在研发上还是应用上都存在很多方面的不足。在林业勘察上，最开始使用的是斧头、皮尺等基础的工具，随后在发展过程中逐渐开始使用罗盘仪、测高仪等技术设备。到了科技发达的现代，卫星技术、定位技术、遥感技术等都被使用，勘察仪器、勘察技术都实现了很大程度的提高。但与国内先进水平和发达地区相比，喀什地区林业勘察水平还处于比较低的阶段，勘察理念落后，勘察技术不足，并且林业的整体管理以及有关政策也存在一定程度的不合理性和落后性。

目前状况，林业勘察理念的转变正在逐渐发展形成，勘察技术和设备都在进行进一步的研发，为林业勘察带来了新的活力。对此，林业勘察人员就应当更加重视科学技术的重要作用，不断的提高个人能力，提高对科学技术的认识和应用，运用新的理念，研发新的技术，从而在新形势下引领林业勘察的健康发展。

四、勘察设计理念必须具有一定的深度

新形势下林业的勘察设计理念并不能够停留在单一的层面，还需要朝着更加深入的层次发展，使其具有深度。林业勘察设计人员在设计过程当中就需要具有发散性思维，学习新的设计理念，注意林业设计与地区旅游资源、人文景观、城乡发展等有效结合，促进生态环境和当地文化的有机融合，从而建立地方生态特色、文化特色等。这样的设计方式符合现代化的发展观念、符合科学的发展模式，不仅可以促进林业的特色发展、可持续发展，同时还可以将林业发展与生态和其他行业有效地联系起来，形成联合发展和规模发展。由此可见，林业勘察设计的深度性是尤其重要的。

首先，林业勘察设计人员要根据地区的实际情况来进行真实的勘察设计，保持多元化的思维方式和思想理念，大胆开展设计工作。其次，要在保证森林资源不受外界破坏的同时加强与其他各类资源的联系性，保证科学发展。最后，对于森林资源要合理的应用，不能过分追求经济效益，不能使森林资源受到大的不可逆的损失，同时也要保证森林资源不会遭受到非法毁坏。从整体的角度来讲，林业勘察设计人员需要做好的就是现代化的林业改革工作，运用先进理念来研究林业深度建设的问题，从更深的层次做好森林资源的合理应用，推进林业的健康可持续发展。

在新形势下，林业的建设与发展对于经济、环境以及社会都发挥着不可或缺的作用，林业勘察设计应当充分重视其生态功能和社会功能，保证林业的健康发展和可持续发展。因此转变发展理念，树立先进思想是尤其重要的。在现代化的林业发展过程中，需要以科学技术为基础；以先进的理念为前提；以法律、法规为保证，从而使得林业发展实现多元化，并且使其作用效果得到最大的发挥。

第六章 自然资源监测基本理论

第一节 我国自然资源、自然资源资产监测发展现状及问题

  自然资源、自然资源资产监测是实现自然资源统一管理和确权的基础性工作。本节通过对自然资源、自然资源资产监测概念和内涵的研究，从行政监测、航天监测、航空监测、地表监测、地下矿产监测、水资源监测、海洋监测等角度介绍了我国自然资源监测研究及工作实践的方法和手段。并对科学界定自然资源内涵与分类及监测目录、国家自然资源监测网络整合与建设、自然资源监测时空框架构建等主要问题的解决提出了建议。

  自然资源是在一定历史条件下能够被人类开发利用以提高自己福利水平或生存能力的、具有某种稀缺性的、受社会约束的各种环境因素和条件的综合，社会化的效用性和相对于人类的稀缺性是自然资源的根本属性。自然资源不仅是一个自然科学概念，也是一个经济学概念，其内涵和范畴随着人类认识、技术水平等发展而不断变化，总体上呈现不断拓展的态势。自然资源资产是指产权主体明确、产权边界清晰、可给人类带来福利、以自然资源形式存在的稀缺性物质资产。自然资源与自然资源资产既有区别也有联系，只有既稀缺又具有明确所有者的自然资源才可能转化为自然资源资产，自然资源的资产化管理已经成为化解自然资源保护和开发矛盾的重要手段。随着国家自然资源统一管理体制的构建，自然资源监测作为其基础性工作，除了要摸清自然资源的空间布局、质量状况。还需要在自然资源价值评估、自然资源资产产权制度等领域中发挥作用，满足自然资源治理体系和治理能力的现代化需求，提高国家自然资源资产管理能力和资源环境经济运行效率。

一、概念及现状

（一）概念

  监测，是对事物不断变化的情况进行连续不断地观测和记录，总结变化规律、预测发展趋势。相对于调查而言，监测具有持续性的含义，监测的基础性工作是调查。

  自然资源监测是对自然资源禀赋的认知，是在一定时间和空间范围内，利用各种信息

采集和处理方法，对自然资源状态进行系统的观察、测定、记录、分析和评价，以揭示区域自然资源变动过程中各种因素的关系和变化的内在规律，展现资源演变轨迹和变化趋势，其目的是为各级资源主管部门和政府提供宏观和微观的资源现状数据和动态变化数据。在具体落实上，一是形成自然资源统一管理的时空本底数据；二是建立自然资源评价体系，三是形成自然资源变化监测体系，并最终通过国土空间开发格局优化、生态修复等具体手段，提升国家的自然资源禀赋，为科学规划、有效保护和永续利用自然资源提供信息基础、监测预警和决策支持。

自然资源资产监测是摸清自然资源资产的数量、类别、性质、空间分布情况，并对资产日常变化情况进行定期甚至动态跟踪，其目的是支撑自然资源资产价值准确核算及自然资源资产负债表编制工作，健全自然资源资产产权制度和用途管制制度，服务生态文明建设。

（二）现状

目前，多数研究集中在自然资源监测的手段应用上，特别是空天遥感技术的应用上取得了丰富的理论成果，而对自然资源资产价值核算、监测网络构建、监测基础设施建设等方面的研究还不充分，除在专项监测中已有所涉及。

1. 监测体系现状

截至目前，我国尚未开展全国范围、成体系、类别齐全的自然资源及自然资源资产监测工作。从20世纪70年代开始，我国陆续开展了全国范围部分主要自然资源的专项调查、普查、清查工作，这些工作为国家层面自然资源监测体系的构建提供了一定参考。

这些调查、普查、清查工作采取的技术手段相近，使用的原始资料（如遥感影像等）相似，调查内容既有重叠又各有侧重，客观上为自然资源监测工作的全面实施提供了数据基础、技术准备和人才储备。国外已开展的监测工作为我国的监测工作开展提供了借鉴。全球层面已建立了全球环境监测系统（GEMS）、全球陆地观测系统（GTOS）、全球气候观测系统（GCOS）、国际长期生态研究网络（ILTER）、通量观测网络（FLUXNET）和综合全球观测战略（IGOS），它们构成了全球尺度和区域尺度能源、资源、环境的监测网络和监测体系。国家层面，美国实施了"地理分析和动态监测计划"，自然资源监测体系已逐步形成。上述监测体系建立过程中采用了较为统一的技术标准，得以让不同来源和类型的数据用于综合评价和分析，同时大量采用了新技术，如建立新一代对地观测系统、应用卫星定位和航空航天遥感技术等，提高了监测的精度。国内学者从自然科学、经济、行政管理等不同角度考量，对我国自然资源监测体系的构建提出了设想，但都集中在技术手段应用和数据体系建设上，整体规划与实施层面的研究较少。文献较早提出和建设了资源环境数据库，对后续我国土地资源与生态环境的定期动态监测工作有重要参考价值。文献提出了融合卫星遥感、航空遥感、地面调查、抽样调查在内的综合方法，通过整体布局、合理配置形成有机的监测体系。文献认为土地调查、地理国情数据内容与自然资源资产审计范围高度重合,可作为数据基础,开展自然资源资产监测工作。文献提出了自然资源一体化监测调查体系,但缺乏土地资源以外其他自然资源监测业务层面的具体分析,有待实践的验证。2018 年,新组建的自然资源部在第三次全国土地调查工作通气会上宣布我国将构建"统一组织开展、统一法规依据、统一调查体系、统一分类标准、统一技术规范、统一数据平台"的"六统一"自然资源调查监测体系,试图彻底解决各类自然资源调查数出多门的问题,全面查清各类自然资源的分布状况,形成一套全面、完善、权威的自然资源管理基础数据,并构建 4 个类型的监测体系,即宏观监测、常规监测、精细监测和应急监测,为我国后续自然资源及自然资源资产监测工作明晰了思路。

2. 监测方法与手段

广义上的自然资源包含一国主权范围内自然形成的所有空间资源、物质资源和能量资源,因此,自然资源监测涉及的方法和手段也非常丰富。本节借鉴圈层分类思想将监测方法和手段划分为行政监测、航天监测、航空监测、地表监测、地下矿产监测、水资源监测、海洋监测进行综述,其内容均包括了自然资源资产监测的方法和手段。

行政监测即从统计的角度通过行政手段逐级上报达到监测目的,是应用最为广泛、技术要求最低、在监测体系构建上最基本的一种监测方法。

航天监测是通过航天器上的监测设备达到监测目的,从 20 世纪 70 年代开始,我国就在国土资源领域开始了航天遥感信息的应用。目前,学者普遍认为航天遥感技术能够支撑自然资源监测数据采集工作,特别是针对大尺度、大区域监测需求,能够取得较好的应用效果。目前,航天遥感技术针对自然资源监测的原理主要是基于各类资源的物理特征和化学组分决定的波谱特性、自然资源的空间特性(几何机理和模型),以及通过连续进行遥感监测得到的波谱特性和空间特性随时间变化的规律进行分析,国内外一系列对地观测计划的实施使监测可用波段从可见光、近红外、短波红外、热红外扩展至微波,同时,成像雷达遥感技术的发展也提高了监测信息的覆盖频率,解决了全天候监测问题,从而从根本上保障了自然资源动态监测能力。文献证明了利用遥感和地理信息技术进行国家资源环境调查和动态监测的优越性。文献基于多源遥感数据提出了一套基于变异特征的自然资源动态变化信息的监测方法,通过信息融合初步解决了单一监测设备无法满足复杂自然资源监测的问题,这一方法也成为航天监测数据挖掘的主要思路。文献则着眼于数据精度进一步丰富了混合动态监测理论。

航空监测是从飞机、气球、飞艇等空中平台对地面标志资源进行的远程监测。严格意义上的航空范围为 600-25 000 m,大量小型无人机开展监测业务工作的飞行高度并不需要达到 600 m 以上,但文献从平台和技术角度考量,仍将无人机监测归纳为航空监测,本节沿用该观点。航空监测研究大体分为两个方向:一是获取创新性监测评价指标,如通过搭载高光谱仪等设备,对植物病虫害指数等进行空间填图;二是通过图像分析和深度学习等手段,进行精准地物判别或建模探索替代地表人工调查的可能,如通过无人机航片获取作物出苗数、构建高精度 DSM 进行矿区沉陷量监测、利用可见光谱进行的耕地精准分类方法研究等。学者普遍认为航空监测继承了航天监测的优势，并在监测数据获取上更为及时。文献认为航空监测定量、定位、准确、及时的特点为监测工作提供了较航天监测更为先进的探测与研究手段。文献认为航天监测应与其他监测联合开展，以实现自然资源监测信息一体化的采集和快速更新、信息自动化挖掘、定量化分析、实时发布与交互式服务。

地表监测是对地表空间、物质、能量的分布、质量、数量、物理性质、化学性质等进行监测，从类别上看包括土地利用监测、水土保持监测、土壤环境监测、耕地质量监测、森林资源监测等一大批监测方案。随着空天监测的快速发展，大量原来基于人力的监测工作得以通过空天高新装备开展，如水土保持监测、荒漠化监测等工作，已经大量地依托空天监测技术进行实施。但地表监测是技术人员深度参与的一种方式，同时也是空天监测的重要验证和补充，目前仍具有不可替代性，如崩岗监测等工作现有的空天监测技术还无法完成。考虑自然资源的规模、复杂性及人工调查的局限性，抽样调查理论在地表监测各类工作中发挥着重要作用，形成了利用固定样地为主进行定期复查的自然资源调查方法，并衍生了监测点、监测站、监测区域的建设需要。具体方法上，参与式监测在国内的应用也越来越普遍。参与式监测是在传统监测的基础上，充分考虑监测工作相关团体的参与性、内容的有效性、过程的效率、基层的权力等各方面的内容，形成的一种定性描述和定量分析相结合的监测方法，该方法在森林资源调查、水土保持调查等工作上都取得了较好的应用效果。此外，巡护监测在现阶段也依然发挥着重要作用，巡护监测是自然资源资产监测和自然资源保护的重要方法，是通过巡视员轨迹、相片、记录等多种方式，收集区域内各类信息，同时可通过在巡护样线上布置红外设备，达到全天候监测目的。

地下矿产监测主要是对矿产规划执行情况、矿产开发情况、矿山储量、矿山地质环境进行监测。目前的研究相对较少，主要依托的技术为空天监测技术，其技术原理是通过信息提取对开采图斑的时空分布规律和动态变化特征进行分析同时辅之以实地调查，可为矿政管理、地质保护、国土空间用途管制工作提供可靠依据。

水资源监测是对地表江河湖泊，以及埋藏在土壤、岩石的孔隙、裂隙和溶隙中各种不同形式的水进行监测。涉及水资源的监测较多，包括并不限于水循环监测、水质监测、水功能区监测、饮用水源地监测、入河排污口监测、地下水监测、水生态监测等。在水循环监测方面，我国从"十五"开始就加强与水相关的气象、水文观测系统的建设，发展了大量的反演模型，尤其是在蒸散和土壤含水量遥感监测方面取得了一系列重要成果。在水质监测方面，我国已经具备了组织机构网络化和监测分析技术体系化的雏形，形成了以流域为单元、优化断面为基础、连续自动监测分析技术为先导；以手工采样、实验室分析技术为主体；以移动式现场快速应急监测技术为辅助手段的自动监测、常规监测与应急监测相结合的监测技术路线。地下水监测方面目前建立的模型主要包括了数理统计模型、水质模型、以及与地理信息系统和遥感相结合的综合模型。考虑污染物传输及动态影响的理论及模型还相对欠缺，我国国家地下水监测工程建设已于 2018 年完成，能够实现监测数据动态分析、水质水量综合评价等功能，并建立了国家——省——市县多级数据共享与异地联动的工作模式，对自然资源国家监测体系的建设有积极的参考意义。

海洋监测是认知海洋的重要途径，是海洋事业发展的基础。我国已经建成了由航天遥感、航空遥感、海洋站、调查监测船、浮标、水下移动观测平台设备组成的立体监测网络，但在传感器、测量仪器装备建设及监测数据集成水平上和国外还有所差距。现已建成的海洋生态环境监督管理系统和海域使用动态监视监测系统，能够分别对我国的海洋生态环境和海洋资源利用进行监测。目前的研究和实践中，同时集成多种监测手段获取海洋自然资源监测数据并实时进行分析和应用的系统建设逐渐增多，海洋监测正逐步向岸基、船基、海基、空基、天基相结合的综合监测方向发展。

二、主要问题分析与对策

（一）科学界定内涵与分类及监测目录

科学界定自然资源内涵并在此基础上划定监测目录，有利于自然资源的调查、规划、保护、确权、利用和监管。当前，学者对自然资源内涵认识上仍存在着不同理解。在分类研究上，1988年，国务院将地质矿产资源（矿产资源、地下水）、水利资源（水域空间、地表水、江河水能）、森林资源、草原资源、土地资源、海洋资源、气象资源的社会行政管理职责分别赋予了7个部门，形成了以行政管理为依据的实用分类。实用分类仅考虑了主要自然资源，并且分类要素和内容存在交叉和重复等一系列问题。文献在此基础上提出了自然资源系统分类框架初步构想，即将统一的自然资源分类因素（分类指标体系）放置不同的分类阶层，形成多阶层的自然资源系统，但未提出具体的分类成果。其他学者从科学角度提出了不同的分类方法，如按自然资源的增殖性能将自然资源划分为可再生、可更新、不可再生资源；从数量变化的角度将自然资源划分为耗竭性自然资源、稳定性自然资源、流动性自然资源（恒定流动、变动流动）等多种分类方法，这些方法都未能取代实用分类的主流地位。法律层面，我国《宪法》将国家所有自然资源类型的表述确定为"矿藏、水流、森林、山岭、草原、荒地、滩涂等"。相关立法形式也分别明确了各类自然资源的权属。目前，有明确规定的国有自然资源包括13种：矿藏、水资源、森林、山岭、草原、荒地、滩涂、土地、野生动植物资源、无线电频谱资源、海域、无居民海岛和空域。长期以来，由于自然资源的内涵和分类没有达成统一，各部门采用的分类体系、技术标准、调查方法、底图精度、调查时点等各不相同，自然资源资产权属不清晰、部门间自然资源数据库不一致甚至相互矛盾等问题，尤其是在耕地、林地、草地、滩涂等数据上，交叉重叠问题比较突出，严重制约了"多规合一"和统一确权等工作的开展。亟待在"两统一"背景下开展自然资源科学分类体系及监测目录构建工作，同时也迫切需要自然资源部、农业农村部等部委和研究学者共同参与。在总结前人研究基础上，结合行政管理的实际，综合考虑来源、空间、物质、能量、自然信息等因素，构建不重不漏的自然资源监测分类体系，确定自然资源和自然资源资产的行政监测目录。

（二）国家自然资源监测网络整合与建设

自然资源国家监测网络的整合与建设是构建国家自然资源监测体系的基础，有利于优化整合现有监测站点资源，统一监测规划、统一监测标准规范、统一评价方法、统一信息发布，满足国家生态文明建设对中自然资源数据、指标的各类需求。我国20世纪90年代编著的《中国21世纪议程》就曾提出过可整合卫星等相关资源，建立国家层面的自然资源监测网络的构想。但由于自然资源的复杂性，我国目前还没有建立起覆盖所有自然资源类别、统一管理的全国自然资源监测网络。以水资源监测网络建设为例，虽然不少地方已经形成了一定规模的水资源监测网络，但从国家角度来看，监测点主要集中在城市与大型供水水源周围，国家级的监测网点数量不足、监测站点分布不均匀、监测指标不足，可共享的监测数据都非常有限，地方之间的监测标准也存在区别。要建设国家级的监测网络，需要在国家层次上，统一监测规划和设计，将跨部门、跨行业、跨地域的监测研究基地资源、监测设备资源、监测数据及监测人力资源进行整合和规范化。有效地组织网络的联网监测与试验，构建国家的自然资源监测与研究的野外基地平台、数据共享平台、项目合作平台等，同时制定数据管理与共享办法，保障数据采集层面的顺畅。

（三）自然资源监测时空框架构建

众多学者都验证了地理信息技术在自然资源监测工作中的优势和基础性作用。自然资源本身具有空间属性，而监测不仅具有持续性的含义，相对探测和调查还包括了对监测对象的分析和评价任务，这就意味着监测数据不仅需要在时间上进行连续记录，更需要实现在目标、指标、坐标3个层次上的管理。因此，自然资源监测工作的开展需要一个科学的监测时空框架的支撑。

目前，基于和服务于自然资源、自然资源资产管理和监测的数据体系建设还缺乏足够的理论研究和实践检验，全国统一的、权威的自然资源基础数据平台还有待建设。这方面，数字城市地理空间框架建设积累的理论和经验能够为自然资源时空框架建设提供积极的参考。自然资源监测时空框架的建设应该能够为全国的自然资源监测工作提供权威的监测目录、监测指标和监测内容；提供统一并可定制化的数据工作底图；能够系统集成并可视化各类自然资源数据的分布格局、变化规律；能够支撑大数据量的分析工作并集成一批演算模型、评价模型；能够实现自然资源数据的分发、共享等，推动自然资源领域的研究工作。

自然资源、自然资源资产监测的理论、技术和方法将随着传感技术、通信技术、信息集成等技术的发展应用得到进一步的拓展和丰富；但同时，遥感技术、地理信息技术在自然资源监测工作中的决定性技术手段地位会受到一定程度的影响，面临从自然资源现状监测到预测预警的全面转变。

当前，在自然资源管理机构改革的背景下，对自然资源监测研究的进一步深入将推动各级新成立的自然资源监测管理机构和实施机构开创自然资源监测的新局面，推动建立归属清晰、权责明确、监管有效的自然资源产权制度，为生态文明建设提供强有力的支撑。

第二节　地理国情监测服务于自然资源主体业务

地理国情是重要的基本国情，是制定和实施国家发展战略与规划，优化国土空间开发格局的重要依据；是推进自然生态系统和环境保护，合理配置各类资源，实现绿色发展的重要支撑；是做好防灾减灾和应急保障服务，开展相关领域调查、普查的重要数据基础。2013年国务院部署了第一次全国地理国情普查。在张高丽副总理为组长的普查领导小组的正确领导，以及有关部门、各级政府的共同努力下，原国家测绘地理信息局牵头组织完成了这次规模宏大、任务艰巨的普查工作。获取了全覆盖、无缝隙、高精度的海量地理国情数据，全面准确地摸清了我国地理国情家底，为了解国情、把握国势、制定国策提供了基础数据支撑和科学手段保障。

近年来，湖北省通过不同部门开展了各类调查、监测、清查工作，但这些工作显然不能满足新时期将山水林田湖草作为一个生命共同体来管理的形势要求。本轮机构改革后，地理国情监测已完成了2015年普查到2018年监测连续4 a的数据成果，自然资源管理的主体业务对地理国情普查成果提出了新问题和新要求。

一、地理国情工作概况

（一）地理国情分类

地理国情监测（普查）是一项重大的国情国力调查；是全面获取地理国情信息的重要手段；是掌握地表自然、生态以及人类活动基本情况的基础性工作。湖北省的监测对象为全省国土范围内的地表自然和人文地理要素，监测成果时间节点为每年的6月30日。

根据国民经济社会发展和自然资源统一管理的需要，按照与时俱进的原则，国家层面对国情监测分类体系进行了必要的完善。2018年实施的GQJC 03-2018《基础性地理国情监测内容与指标》将监测内容分为10个一级类、59个二级类、143个三级类，其中一级类包括种植土地、林草覆盖、房屋建筑（区）、铁路与道路、构筑物、人工堆掘地、荒漠与裸露地、水域、地理单元和地形。《第三次全国土地调查工作分类》将调查内容分为13个一级类、55个二级类，对部分二级类细化了三级分类，其中一级类包括湿地、耕地、商业服务业用地、特殊用地、种植园用地、工矿用地、交通运输用地、林地、住宅用地、水域及水利设施用地、草地、公共管理与公共服务用地和其他土地。综合比较上述分类体系不难发现，二者之间存在较大差异，地理国情监测反映地表自然营造物和人工建造物的自然属性或状况，侧重于土地的自然属性；而国土调查按照实地现状来确定用地类型，侧重于土地的社会属性。地理国情监测以分类体系的精细化、针对国土现状的自然属性本质为特点,可以更好地满足山水林田湖草等自然资源的管理需求。

(二)地理国情监测工作流程

地理国情监测工作采用内外业相结合的方式开展,按照"内业为主、外业为辅"的原则安排任务。①收集与分析地理国情本底数据、行业专题资料、遥感影像等;②利用遥感影像自动识别或人机交互式采集地表覆盖变化信息,利用行业专题资料比对分析采集地理国情要素变化信息;③对疑问图斑或要素信息进行必要的外业调查与核查;④质量检查与验收;⑤数据库建设;⑥统计分析,监测报告与图件制作。

(三)地理国情监测成果特点

从数据成果上看,地理国情监测成果具有客观性。相较于湖北省开展的年度土地变更调查等监测,地理国情监测更加侧重"所见即所得"的地表覆盖和要素情况的真实表达,而不是管理属性的变化监测。因此,利用地理国情监测数据成果可以真实表达全省自然资源山水林田湖草以及建筑的图斑分布情况,从而发现人类活动对自然资源的改变。

从获取方式上看,地理国情监测成果具有先进性。地理国情监测采用的是亚 m 级分辨率的(全省大部分覆盖)遥感影像处理技术、全球定位技术和 GIS 数据处理技术,同时通过外业数字调查与核查方法确认,精度更高、方法更可靠;能够提供自然资源定性、定量数据,弥补传统统计数据的不足,为做好自然资源统计制度提供权威、客观的数据成果。

从监测周期和数据内容上看,地理国情监测成果具有可比性。目前地理国情监测为年度监测,更新时间节点为 6 月 30 日,成果频次较高,数据内容分类指标达到 143 个三级类。利用多期持续性的监测成果进行综合对比分析,可准确揭示资源环境、生态状况等的空间分布和发展变化规律。且与自然资源相关的水利、森林资源、湿地资源等其他调查分类标准相比,分类指标体系更加全面、细致和丰富,可为更多的领域提供数据支撑。

二、地理国情监测应用情况

2015 年第一次全国地理国情普查完成后,湖北省地理国情监测成果已在"多规合一"、城市规划实施监管、环境保护与治理、自然资源负债表编制等领域得到应用,并在生态文明制度建设中发挥了重要的作用。

(一)服务于自然资源资产领导干部离任审计

基于地理国情监测成果查清了全省自然资源分布情况,利用叠加对比分析技术,围绕湖北省自然资源资产领导干部离任审计试点区域,辅助审计部门开展了土地资源、水资源、森林资源、矿产资源 4 类自然资源资产审计试点工作。

（二）服务于大型湖泊地理国情监测

通过对 2015—2018 年的监测成果进行对比与变化分析，监测洞庭湖区的湖泊水面变化、河湖采砂、水域岸线建筑物、湿地地表覆盖、疑似污染源、湖泊水体富营养化、国土空间开发适宜性等，为《洞庭湖生态经济区规划》实施的中期评估提供客观资料和依据。

（三）服务于检察办案

基于地理国情监测成果，对比分析了黄梅县小池东港堤坝 2013 年和 2016 年的遥感影像，证明了该时间段内堤坝处无明显施工痕迹，存在虚假工程疑点，为地方检察院审查办案提供了客观的事实依据。

2015 年的地理国情普查成果以及 2016—2018 年的地理国情常态化监测成果均在自然资源资产负债表编制、自然资源资产领导干部离任审计、水资源湖泊动态监测、重要水源地地理国情监测（三峡库区、丹江口水库）等工作中得到了广泛应用。

三、地理国情监测为自然资源主体业务服务

湖北省自然资源厅作为省政府组成部门，为湖北省生态文明建设提供了重要体制保障，开创了自然资源开发利用和保护工作的新局面。新体制下自然资源开发利用和保护将为地理国情监测应用提供主战场，为更好地发挥地理国情信息在生态文明建设中的重要作用提供更广阔的舞台。结合省厅自然资源管理的职责和使命，地理国情监测还可在以下 5 个领域发挥积极作用。

（一）服务于自然资源全域调查

地理国情监测成果涵盖了自然资源山水林田湖草的分类图斑，每年一版的数据更新周期可提供全省域的自然资源分布情况和数量属性统计；且 2015—2018 年的时序成果可提供自然资源变化情况的统计分析数据。针对重点区域（如长江经济带、汉江生态经济带）的自然资源全域调查，可通过增加监测频次、缩短监测周期，利用卫星影像数据和监测成果数据快速提取和下发变化图斑的方式，满足自然资源全域调查应用需求。

（二）服务于自然资源资产调查

根据宪法并参照一般资产概念，自然资源资产是指国家拥有或控制的、预期会给国家和人民带来经济利益的、能以货币计量的自然界各种物质财富要素的总称，包括各种自然资源财富和权利。当同时满足与该自然资源财富要素权利有关的经济权益，很可能带给国家和人民（权益可带给国民）、该自然资源财富要素权利的成本或价值能可靠地计量（成本价值能计量）两个条件时，确认为自然资源资产，并应列入自然资源资产负债表。地理国情监测数据采集坚持自然的"所见即所得"，可为自然资源资产负载表编制提供所需的自然资源定性、定量数据，为政府部门摸清自然资源资产"家底"及其变动情况提供自然

本底的、最基础的地理空间数据成果，可有效的弥补传统单一统计数据的不足，为做好自然资源资产统计制度提供权威、客观的数据支撑和统计保障。

（三）服务于国土空间规划

2016年12月27日，中共中央办公厅、国务院办公厅印发的《省级空间规划试点方案》中明确指出：以主体功能区规划为基础统筹各类空间性规划，推进"多规合一"的战略部署，全面摸清并分析国土空间本底条件，划定城镇、农业、生态空间及生态保护红线、永久基本农田和城镇开发边界，注重开发强度管控和主要控制线落地，统筹各类空间性规划，编制统一的省级空间规划，为实现"多规合一"、建立健全国土空间开发保护制度积累经验、提供示范。为落实生态保护红线、永久基本农田、城镇开发边界"三条控制线"，可充分地利用地理国情监测成果，对地区耕地数量变化、耕地占补平衡情况、永久基本农田占用和补划进行监测，为避免耕地退化、优化永久基本农田利用、保障耕地质量的维持和提高提供数据支持。

（四）服务于国土空间生态修复

随着建设空间的不断扩大以及自然资源不合理的开发利用，自然生态空间破坏和萎缩问题突出，因此，在注重生态保护的同时，加强生态修复和系统治理势在必行。利用地理国情监测数据和统计分析成果，在自然资源全域调查的基础上，可结合专题管理属性数据和专业模型，对区域内的用地空间资源开发、地质勘查、生态修复、生态补偿等进行分析，为自然承载力和开发潜力提供科学依据，指导国土空间生态修复。

（五）服务于自然资源风险预警

模拟预测是开展自然资源合理利用，进行定量评价、风险预判的重要手段。对自然资源开发利用过程中所发生的水文过程、生物地球化学过程和生态过程进行模拟，从国家、区域等层面对自然资源生态系统可能发生的变化进行预测、预警，为管理者和决策者制定预案和响应机制，为减轻或消除风险提供科学支撑。利用地理国情监测年度连续数据，结合地质灾害、生态环境等相关专业的分析模型，可服务于地质灾害预警、人为开采导致的自然资源安全底线预警、湖泊土壤污染防治等领域，为自然资源风险防范提供科学的数据预警支撑。

地理国情监测可以客观、公正地监测和分析地表自然和人文地理要素变化，及时发现和纠正决策执行中偏离决策目标的行为，保障决策目标任务的有效落实，促进对自然资源开发利用的保护和监管，并能为空间规划体系的建立与实施监督等提供事实依据。本节以湖北省地理国情监测为例，探讨了地理国情监测成果在自然资源主体业务中的应用，为自然资源资产所有者职责和国土空间用途管制职责等提供服务，进一步提升了地理国情监测的应用价值和水平。

第三节　基于三调成果的自然资源宏观监测思路

党的十九大提出要加强生态文明建设、推进绿色发展、建设美丽中国；要进一步推动法治国土建设进程，持续加强对土地、矿产、水、森林、湿地、草地等自然资源的全面监管，坚决守住耕地红线和生态红线，保障粮食安全和生态安全。这就要求自然资源管理要快速、全面、准确地掌握现状及动态变化情况，将不利于自然资源开发利用和保护的行为制止在萌芽状态。当前，第三次全国国土调查地方已基本完成内、外业调查任务，相较于以往的调查而言，三调由于科学技术的进步、调查规则和内容的细化以及高精度遥感影像和"互联网加"技术的全面应用，使调查的工作效率和成果质量得以大幅提升，为调查成果的推广应用奠定了坚实的基础。随着近年来航空航天技术的进步，遥感影像从精度、分辨率、覆盖范围、覆盖频率上都得到大幅提升，也为遥感影像在各行各业中的推广应用提供了广阔的空间，为自然资源领域实施大范围、高频率、灵活机动、快速响应的自然资源监测提供了有效手段。因此，利用遥感技术加强对自然资源变化情况进行宏观监测，探索建立自然资源监测预警和业务协同机制，形成一套宏观监测工作流程和技术方法在当前具有十分重要的现实意义。

一、遥感监测应用概述

早在 20 世纪 80 年代，我国就采用遥感技术开展了第一次全国土地详查。从 2001 年开始国家采用遥感技术开展土地利用动态遥感监测和年度土地变更调查，近年来遥影像已广泛应用于动态遥感监测、年度变更调查、卫片执法等工作，有力地支撑了国土资源管理工作的开展。土地利用动态遥感监测是指以上一年末形成的土地利用变更调查数据为基础，采用遥感影像处理技术和识别技术，提取土地利用现状变化信息，达到对监测期限和特定范围内的土地利用变化状况进行定期监测的目的。过去土地利用变化监测主要是由国家统一组织，每年开展一次监测，基于同一区域内上一年度的监测影像间存在的光谱特征差异，识别土地利用状态或现象变化。随着自然资源管理工作的不断深入和技术水平的提升，国家层面逐渐改变原有的遥感监测工作模式，提出由全国年度和季度监测、重点区域月度监测和重大事件即时监测的工作模式。同时，部分省市已陆续启动了宏观监测试点，比如，青岛市正在着手开展自然资源宏观监测，对辖区内的土地利用现状实行季度监测，对建设用地、疑似违法用地实行月度监测；北京市重点针对违法建设占地、裸露地表、扬尘污染、主要农作物的变化等实行月度监测，有力地支撑了生态文明建设、城市精细化管理、安全应急等工作，基本在区县级实现了卫星遥感即时监测。

二、开展自然资源宏观监测的必要性

（1）开展自然资源宏观监测是推进生态文明建设的需要党的十八大把生态文明建设纳入中国特色社会主义事业"五位一体"总体布局，明确提出要大力推进生态文明建设，建设美丽中国，实现中华民族永续发展。习近平总书记在十九大报告中指出，加快生态文明体制改革，建设美丽中国，指出山水林田湖草是一个生命共同体，要坚持山水林田湖草整体保护、系统修复、区域统筹、综合治理。开展自然资源宏观监测，可为生态文明建设和生态环境保护提供及时、准确的数据。全面掌握山、水、林、田、湖、草的保护、开发利用状况，重要生态保护区生态环境修复和治理情况，满足生态环境监测、治理等多方面的工作需求，切实推进生态文明建设。

（2）开展自然资源宏观监测是促进自然资源精细化管理的需要我国自然资源种类繁多、结构复杂，分布范围广且不均衡，实施自然资源管理需要耗费大量人力、物力、财力，迫切需要卫星遥感技术提供有力支撑，卫星遥感技术可大范围、多尺度、动态、高效地获取地面信息，如实反应自然资源在人类活动下的动态变化，且投入成本相对较低，是解决当前监测范围广、监测对象复杂、变化频率快、面积量算难等诸多难题。将卫星应用融入自然资源调查、监测、监管、评估、决策等，整合多种遥感技术，加大卫星遥感监测频次，及时掌握自然资源宏观变化，针对山水林田湖草等自然资源观测要素的不同特点，形成全覆盖、全天候、全要素、全方位的遥感信息获取能力，实现从周期性调查到动态变化监测的转型升级，将有助于自然资源精细化管理水平的提升。

（3）开展自然资源宏观监测是开展自然资源督查的有力抓手从2019年起，国家正式实施自然资源督察制度。开展自然资源督察不是简单意义上的土地督察转型，而是新时代提出的新要求。自然资源督察要求将自然保护地、永久基本农田、生态保护红线等重点管控区域内的变化情况作为督察的重要内容。开展自然资源宏观监测，全面及时发现各类违法违规的开发建设和资源破坏行为，牢牢守住生态保护这根红线，进一步加强对地方推进城镇建设、园区开发、乡村振兴等工作中落实资源和生态保护行为的督导，有效打击各类低效无绪开发利用资源的行为，推动绿色和高质量发展。

（4）开展自然资源宏观监测是提升工作效率的有效手段为更好地行使对土地、水、森林、草地、湿地、矿产资源等自然资源的综合管理职责，国家层面明确要求按照"统一组织开展、统一法规依据、统一调查体系、统一分类标准、统一技术规范、统一数据平台"的要求，建立1+X的自然资源调查监测体系，实现调查成果的"一查多用"。三调是基础的1，林、草、水、湿等是X，在三调成果基础上，通过开展宏观监测，可以及时获取自然资源变化数据，主动、快速、动态掌握三调以后各类自然资源的动态变化情况，可快速生成满足管理所需最新数据，有力地提升工作效率。

三、自然资源宏观监测的基本思路

（1）建立地方多源遥感影像云服务平台建立遥感影像云服务平台地方节点，与国家级卫星数据平台建立连接，实时查询、下载和接收国家级平台提供的遥感影像数据。在国家级数据无法满足地方宏观监测的情况下，还应与商业遥感影像数据采集的公司建立战略合作，及时跟踪国际国内主要遥感卫星数据的覆盖情况，便于实时采购所需的遥感影像，同时利用无人机等方式作为国家级遥感数据的有效补充，提升遥感影像的质量、覆盖范围和覆盖频率。

（2）建立自然资源调查监测一张底图基于第三次国土调查成果，采用国家统一的测绘基准和坐标系统，整合叠加森林、草原、水、湿地等专题调查成果，形成调查监测一张底图。同步整合叠加遥感影像、基础地理、国土空间规划、生态保护红线、永久基本农田、城镇开发边界、自然保护地和历史文化保护范围、自然资源批、供、用、补、查、确权登记、耕地保护、生态修复、督查等相关数据，形成自然资源一张图，有效地支撑自然资源调查监测工作。实地发生实质性变化后，调查监测一张底图要依托自然资源一张图的管理信息开展数据更新，并同步向自然资源一张图反馈信息，实现两张图的关联动态更新。

（3）建立自然资源监测管理应用平台基于自然资源政务网络建立省市级与区县级之间互联互通的自然资源监测管理平台，实现自然资源保有和变化量、自然资源保护和监测评价数据的关联更新，支撑自然资源全覆盖、全要素监测评价预警，构建山水林田湖草统筹治理的信息化支撑，提升自然资源的数字化、智能化监管水平，以智慧资源推动新型智慧城市建设，促进空间治理能力的提升。

（4）建立自然资源宏观监测工作机制建立调查监测部门牵头，确权登记、利用、国土空间规划、用途管制、生态修复、耕地保护等业务部门协同配合，技术支撑单位具体实施的工作机构；采取智能解译与变化检测等人工智能辅助技术，搭建自然资源变化智能检测平台，实现大区域自然资源变化信息的快速发现与提取；形成遥感影像动态获取—内业变化信息提取—叠加管理数据初步核实—外业实地复核—调查监测与相关业务部门复核—移交督察处置—结果联动更新的工作流程，建立起一套完善的自然资源宏观监测工作机制，借助多源、多途径遥感监测、传感器和物联感知等技术，对大范围及重点区域的特定指标进行日常监测和预警，并快速响应，调度多种手段快速监测目标区域，制定处置方案，并对存在的问题进行持续跟踪监测监管，形成事前发现、事中处理、事后监管为一体的常态化监测管理模式。

（5）建立科学合理的自然资源宏观监测指标体系自然资源宏观监测要立足于包括发现—处置—监管—反馈等环节的完整工作模式，服务于自然资源管理各项业务工作，要立足于快速的发现、统计、分析出监测对象的坐标、权属、面积、变化类型、建设程度、是否占用基本农田、是否占用生态保护红线等各类信息，以问题导向、结果导向、需求导向科学合理建立宏观监测指标体系，通过指标管理、指标计算配置、指标值管理，实现自然资源宏观监测结果快速分析，为宏观监测与业务管理工作之间建立有效的链接。

第四节 自然资源动态监视监测管理的几点构想

所谓自然资源，是指自然界中可以被人类直接获得并用于生产和生活的物质；在一定时间和条件下，能产生经济效益，以提高人类当前和未来福利的自然因素和条件。自从有了人类以来，自然资源就同人类社会有着密切联系，它是人类赖以生存和发展的重要物质基础和社会物质财富的源泉，是社会生产的原料、燃料来源和生产布局的必要条件与场所，是可持续发展的重要依据之一。唯有如此，强化自然资源动态监视监测管理就显得尤为重要。

一、深刻认识自然资源的重要地位及其保护意义

自然资源在人类社会中的地位是不言而喻的。在长达数千年的人类社会发展史中，人类对自然资源的依赖性越来越强，没有自然资源，人类的生产生活乃至社会发展将无从谈起。很难想象，当有一天自然资源完全枯竭时，人类社会将会是一种什么样的状态。

通常情况下，人们将自然资源分为三类：一是不可更新资源，如各种经过漫长地质年代形成的矿产资源；二是可更新资源，指各种能在较短时间内再生产出来或循环再现的生物、水、土地资源等；三是取之不尽的资源，如各种被利用后不会导致贮存量减少的风力、空气、太阳能等等。

在人类社会追求高速发展的今天，我们每个具有社会责任感的人，都应该清醒而深刻认识到自然资源对人类的重要性和不可替代性，同时，更应该心存危机感和紧迫感，因为，自然资源具有数量的有限性、资源间联系性、分布的不平衡性、现实中利用的粗放性和掠夺性抑或无度的浪费等。有的国家和地区甚至存在着竭泽而渔的严重问题，因此强化自然资源的科学有序管理刻不容缓。我们必须深刻认识到，自然资源已经在逐步递减，严峻的现实要求我们必须对自然资源综合研究与科学合理地开发利用，进一步拓展自然资源的利用范围和利用途径，不断地提高自然资源的利用率。同时，要给予自然资源以科学保护，切实做到科学合理利用自然资源，不断增值可更新资源，提高资源的再生和继续利用的能力，求得环境效益和社会经济效益的有效而科学的统一。

多年来，我国非常重视自然资源的合理保护和利用问题，先后颁布了《中华人民共和国土地管理法》《中华人民共和国矿产资源法》《中华人民共和国森林法》《中华人民共和国草原法》等多种法律，实现了对自然资源的全面有效监督、管理和保护。各地政府和职能部门，应该在国家出台的相关法律法规的基础上，制定出台相应的实施细则，以使国

家的法律法规更好地发挥效用。

二、形成有效工作机制与制度

自然资源的管理涉及自然资源的现状调查、规划、审批、确权登记和执法监察等方面，通常由行政机关的不同部门分别负责行政管理，相关事业单位的不同部门配合行政机关部门分别负责技术支持和事务处理。技术支撑部门可以充分发挥技术优势，利用大数据、云计算和现代网络技术等信息化技术及时监视监测自然资源变化，发现异常变化区域，为管理部门提供真实准确数据和相应的专题分析服务成果，为领导科学决策提供可靠数据依据。

为顺利推进自然资源动态监视监测工作开展，还需组建机构、建章立制，形成有效工作机制。首先需成立自然资源动态监视监测领导小组和工作部门，负责自然资源动态监视监测的任务部署和落实实施。其次须建立动态监视监测部门，定期向领导小组汇报自然资源动态监测监视情况的制度，为领导科学决策、制定政策，提供详实数据；为制止违法使用自然资源，合理保护资源提供有力证据。

为统一行使全民所有自然资源资产所有者职责，统一行使所有国土空间用途管制和生态保护修复职责，着力解决自然资源所有者不到位、空间规划重叠等问题，实现山水林田湖草整体保护、系统修复、综合治理，国家组建了自然资源部，各地省市县相应组建了自然资源管理部门，贯彻落实党中央关于自然资源工作的方针政策和决策部署。这些机构的落实，可谓是认识和保护自然资源的最基础最有效最根本的举措。

当然，如何充分发挥各级组织机构的最大效能？则又是一个严肃而深层次的问题，值得我们在以后的工作中逐步探索研究和总结。

三、实现自然资源全流程动态监视监测

由于自然资源在人类的利用中常常会发生改变，如土地地类、数量会变化，矿产资源会被发现和开发利用，海洋会被填海造地等。这就需要建立自然资源动态监视监测体系，通过这个科学体系，及时掌握自然资源动态变化情况，为政策制定及时提供可靠依据，对自然资源进行全领域动态精细化监视监测，及时获取自然资源信息，为领导科学决策、制定政策，提供翔实数据；为制止违法使用自然资源，合理保护资源提供有力证据。

毋庸置疑，建立结构完整、功能齐全、技术先进的自然资源动态监视监测系统，对于全方位、多层次，科学化管理自然资源有着极其重要的实际意义。

随着国土资源、海洋、测绘和林业信息化推进，建立了土地调查管理信息系统、国土规划管理信息系统、建设用地审批和矿业权审批系统等等，对自然资源的管理发挥了重要作用。为实现自然资源全领域高效管理、全流程动态监视监测，需要对比分析已有系统功能，科学的建设自然资源动态监视监测系统，该系统能重点分析自然资源变化区域的情况，对变化区域进行定性定量分析，通过影像核查对比来发现疑点疑区，通过对疑点疑区与审

批和确权登记信息等信息对比分析，及现场调查核实，判定是否符合国家法律法规，进而确定哪部分符合规划、通过审批、进行确权登记等；哪部分疑似违法违规等，最终形成真实准确的监视监测结果。该系统能与现状系统、规划系统、审批系统、确权登记系统和执法系统进行无缝衔接，对自然资源进行全领域、全流程动态监视监测，按照领导部署的监视监测任务进行专项监视监测，如监视监测重点项目的进展情况，按关键节点提供项目相应的信息；监视监测海域海岛的变化情况，及时发现违法填海造地活动；监视监测高标准基本农田保护情况，及时发现破坏行为等。

通过建立动态监视监测系统，全面准确掌握辖区内的自然资源开发利用实际状况及动态变化趋势，为各级管理部门实时提供自然资源开发使用状况，强化管理部门对自然资源开发使用的监管能力，为自然资源规划、管理、保护和合理配置提供保障，满足自然资源开发利用可持续发展的需要。

四、实现自然资源的信息化、精细化管理

所谓动态监测，是指应用多平台、多时相、多波段和多源数据对地球资源与环境各要素时空变化进行的监视与探测。它是研究系统内部或系统与外部环境之间物质、能量和信息的迁移、转化、交换的主要手段，因此，搞好"动态监测"势在必行。

那么，具体应该做好哪些工作呢？首先，当务之急就是要梳理、整合历史数据，建立自然资源数据动态管理目录，以便按需快速调阅自然资源全领域中的任一数据等。机构改革前，自然资源数据中的土地和矿产数据分散保管在原国土资源部门，海洋数据分散保管在原海洋部门，地理国情数据分散保管在原测绘部门，林地和保护区等数据分散保管在原林业部门等。机构改革后组建的自然资源部门负责管理这些数据，这就需要对已有的历史数据进行梳理，重复部分需要整合，建立自然资源数据动态管理目录，以方便对自然资源全领域数据进行更新、查询、调用等应用。

依据自然资源动态监视监测管理要求，梳理出所需要的数据项，建立自然资源动态监视监测数据标准。为了监视监测某地基本农田保护区的保护情况，需要利用自然资源动态监视监测系统对比分析往年卫星遥感影像和当前遥感影像，发现异常，进行实地调查监测，弄清具体情况，形成可靠的有价值的决策信息、预警信息。针对不同的自然资源动态监视监测任务，就可以梳理出所需要的数据，对照已有的土地、矿产、海洋等数据标准，综合处理，形成满足自然资源动态监视监测管理需要的数据标准。按照自然资源动态监视监测数据标准，就可以利用大数据、云计算和现代网络技术等信息化技术及时处理已有的自然资源数据，形成满足自然资源的动态监视监测管理需要的工作数据，为科学开发利用自然资源，保护经济持续健康发展提供可靠的信息保障。

自然资源对人类社会的发展有不可替代的重要作用，自然资源动态监视监测是保护和利用好自然资源的有效手段。通过建章立制、组建机构，建设自然资源动态监视监测系统

和自然资源动态监视监测数据体系，形成有效的工作机制，能够保障自然资源动态监视监测工作顺利开展，就能实现对自然资源全领域信息化、精细化的科学管理，为领导科学决策、制定政策，提供可靠的、有价值的决策、预警数据，及时有效地制止违法使用自然资源，合理开发利用和保护自然资源。

第五节　WebGIS 的国家公园自然资源监测系统构建

中共十八届三中全会通过的《中共中央关于全面深化改革若干重大问题的决定》中提出了"建立国家公园体制"。国家公园体制是我国生态文明建设过程中的一项重要举措；是建设"美丽中国"的切实手段；也是满足人民日益增长的精神文化需求的载体。国家公园不仅仅需要建起来，更需要有效地管理起来。其中国家公园范围内的自然资源监测管理是国家公园管理工作中的重要一环，国家公园范围内包含了众多需要予以保护的自然资源，传统的保护手段主要依赖人工管护，资源调查也主要通过一定频率的人工调查手段进行，持续化、动态化地进行资源监测更是无法实现。基于以上自然资源监测保护的难点、痛点，使用信息化、智能化手段对国家公园内的自然资源进行监测保护就显得势在必行。在信息技术高速发展的今天，已经可以采用成熟的物联网技术、北斗卫星导航定位技术、移动通信技术、GIS 和大数据处理技术等高新技术构建一套适用于国家公园自然资源监测保护的信息系统，为国家公园自然资源监测与管理提供必要的技术支撑。本节在使用 WebGIS 技术设计开发一套用于国家公园自然资源监测的信息系统，为国家公园自然资源监测提供从监测数据获取到监测数据分析的整套解决方案。

一、系统总体设计

（一）监测数据多源获取

国家公园覆盖区域面积较大，一般多达数平方公里。采用传统人工手段获取如此大范围内的自然资源数据已经是无法实现的。针对大范围面状分布的自然资源，如森林、草地、大面积水体等，可以采用高分辨率卫星遥感影像经过解译后提取监测要素信息。气候数据、水文数据等可以通过在国家公园区域内布设自动化监测台站的方式获取监测数据，自动化监测台站可以通过移动网络、有线网络接入自然资源监测中心，实现监测数据在线实时获取。其他基础本底数据还可以来已有的地理数据，如标准比例尺地形图、地貌图、行政区划图等。这些采集到的自然资源监测数据可以通过数据库管理系统进行存储管理，为上层 GIS 应用提供数据源。

（二）系统设计原则

系统按照自然资源信息管理的标准和规范以及 WebGIS 开发的基本要求，在系统设计中需要遵循以下原则：①实用性。系统应提供方便简单的操作界面，使非 GIS 专业人员也能使用操作。②安全性。系统设计过程中需要考虑各种可能面临的安全风险，防止系统在运行过程中发生数据丢失和数据的非法访问，系统应具备完善的账号权限控制，可通过部署安全防护设备等措施保障系统安全运行。③经济型。系统设计中着重考虑了开发的经济型，采用了多种开源 GIS 组件，在充分实现 GIS 功能的前提下降低经济支出。

（三）系统架构

本系统采用 B/S 服务体系的四层架构体系，分别由数据层、服务层、接口层、表现层组成，各层之间通过接口或函数调用的形式进行交互。

1. 表现层面向终端用户，是国家公园自然资源监测业务的展现窗口和监测数据管理操作的页面。OpenLayers 负责从 GeoServer 中取出地图数据展现，需要展现的图层有国家公园区域底图图层、监测数据展示专题图层等。表现层是实现 WebGIS 服务展现的关键层。

2. 接口层。国家公园自然资源监测系统所有的数据以接口方式提供给表现层，表现层根据需求，请求接口层相关的 REST 接口即可获得以 JSON 格式组织的数据。

3. 服务层。服务层是国家公园自然资源监测系统建设的关键，是系统的核心部分。经过需求分析，将国家公园自然监测业务进行拆分，分成了自然资源监测服务和地图服务，它们为上层接口提供数据支持。具体的业务服务模块是系统的上层服务，是真实业务场景的表现。系统设计了三个业务模块，包括自然资源监测服务模块、地图服务模块和系统管理模块。

4. 数据层。数据层采用了混合存储结构，PostGIS 负责地理空间数据的存储，ElasticSearch 负责海量监测数据的存储。充分发挥关系型数据库和 NoSQL 数据库的优势，为系统存储监测数据提供可靠的保障。将不同种类的数据分开存放使得不同属性之间的数据互不干扰，为系统提供更高性能的数据存取服务。

本系统的地图引擎服务采用的是开源的 GeoServer，作为一款性能优良、功能齐全的地图引擎，它支持发布多种格式类型的地图数据，包括 Shapefile、TIFF、ArcGrid 等。地图数据通过 GeoServer 发布后，即可允许用户对特征数据进行增删改查操作，使得用户之间可以快速地共享空间地理信息。

由于国家公园体量庞大，需要布设的监测台站数量较多，因而产生的监测数据量也将是异常庞大的。使用传统关系型数据库已经不能很好地支撑如此大量数据的存储与分析要求，本系统采用了 ElasticSearch 集群作为监测数据的存储仓库，依靠 ElasticSearch 的集群特性。系统可以支持无限量的监测数据存储，得益于 ElasticSearch 强大的检索能力，系统可以支持多样化的数据检索需求，提供多样化的数据分析能力。

二、系统功能设计

基于系统的设计目标，本系统功能的设计与实现采用 B/S 服务模型，系统主要由三个功能模块组成，分别是 WebGIS 模块、监测数据管理模块和系统管理模块。

（一）WebGIS 模块

WebGIS 模块的地图管理能力主要实现国家公园区域底图的展示，地图的放大、缩小、漫游以及监测专题图层的展示等功能。WebGIS 模块的地理空间分析能力主要用于对带有地理空间属性的监测数据进行进一步的空间分析，实现自然资源资源的动态监测。

（二）监测数据管理模块

监测数据管理模块则主要实现监测数据的接收、存储与管理，通过 HTTP 接口向外提供数据查询服务。

（三）系统管理模块

系统管理模块则实现系统的管理和日常维护，包括登录账号管理、数据更新、专题地图制作和入库。

前两个模块是系统暴露给普通用户用以查询监测数据所用，第三个模块为系统管理员所有，需要登录特权账号才可见，系统管理员拥有系统完整的控制权。

本节对 WebGIS 在国家公园自然资源监测方面的应用作了一些探索，通过综合使用多种开源软件平台尝试构建了一个支持大数据量的国家公园自然资源监测 WebGIS 系统。希望以此推动国家公园自然资源监测的信息化进程，为 GIS 技术和大数据处理技术在"数字国家公园"方面的应用提供新思路。

第七章 自然资源调查监测研究

第一节 对自然资源调查与监测的辨析和认识

以往各类自然资源分属于不同的政府职能部门。在新一轮机构调整背景下，所有自然资源的管理职能已合并于自然资源部（厅）。为此，非常有必要系统梳理各类自然资源属性特征，理清自然资源调查与监测的不同含义，在此基础上进行综合性理论分析，并给出可操作性强的应用建议。

一、调查与监测的异同辨析

（一）调查与监测的词义溯源

根据 2009 年《辞海》（第六版彩图本）中关于"调查"等多个相关词条的解释，"调查"可理解为：为了了解一定对象的客观实际情况，采用一定的工具如访问、问卷等，通过直接或间接接触，对其进行实际考察、询问，获得相关信息。《辞海》将"监测"解释为：监视测量。

（二）调查与监测的异同辨析

通过上述词义辨析，不难看出两者的异同点。

1. 概念上，"调查"强调通过踏勘、访问、问卷、数据、文献等定量与定性相结合的多种手段、直接与间接接触相结合的方式，获得调查对象当下的客观实际现状及其相关情况。"监测"则强调通过一定仪器设备的测量，定量获取监测对象的某些特征参数数值，并通过对这些数据的分析，监视该监测对象的动向和态势。

2. 目的上，调查偏重于了解现状，监测侧重于掌握动向；调查是为了理清现状全貌，监测则是为了监视动向态势。

3. 技术上，调查比监测产生的时间更早，技术手段更为传统，如今也在吸收最新的技术；监测则是工业时代伴随仪器装备发展而来，新技术、新发明的产物，本身具有较高科技含量。

4. 两者有交叉，高频次的调查实际相当于监测，纳入权属等管理属性的监测实际相当于调查。

当然，由于调查和监测的对象、尺度等差异巨大，二者的区别不能一概而论，而需要结合具体应用领域开展探讨。

二、自然资源调查与监测异同的分类比较

通过国内最大学术文献数据库中国知网（CNKI）检索发现："自然资源调查"与"自然资源监测"通常不加区分，并存并用。因此，在自然资源领域，在当前情况下（即调查与监测的内涵各自维持现状、尚未在山水林田湖草统一管理理念下进行扩充和调整的情况下），区分调查与监测需要按部门业务惯例进行调研和比较。

（一）土地调查与监测

根据 2008 年 2 月 7 日国务院以 518 号令公布的《土地调查条例》：土地调查是指对土地的地类、位置、面积、分布等自然属性和土地权属等社会属性及其变化情况，以及基本农田状况进行的调查、监测、统计、分析的活动。土地调查包括全国土地调查、土地变更调查和土地专项调查。

全国土地调查是指国家根据国民经济和社会发展需要，对全国城乡各类土地进行的全面调查。调查周期大约为 10 年。全国土地利用现状调查（土地详查），1984 年开始，变更至 1996 年 10 月 31 日，历时 10 多年。各省完成时间先后不一，调查成果反映的是我国 20 世纪 80 年代后期到 90 年代初期这一区间的土地资源数量、分布、利用状况及权属。2007 年，第二次全国土地调查（"二调"）工作正式启动，历时 2 年，最终形成以 2009 年 12 月 31 日为统一时点的调查成果。2017 年 10 月，国务院正式启动第三次全国土地调查。

土地变更调查是指在全国土地调查的基础上，根据城乡土地利用现状及权属变化情况，随时进行城镇和村庄地籍变更调查及土地利用变更调查，并需定期进行汇总统计。调查周期为 1 年。1996 年原国家土地管理局决定在全国范围内开展土地变更调查，各地每年按国家统一部署，以上年度土地变更调查图件和数据资料为基础，以县（市、区）为基本单位，以该年 10 月 31 日为同一时点开展变更调查。

土地专项调查是指根据国土资源管理需要，在特定范围、特定时间内对特定对象进行的专门调查，包括耕地后备资源调查、土地利用动态遥感监测和勘测定界等。

耕地后备资源调查是对全国范围当前可开垦土地和可复垦采矿地进行调查评价，查清耕地后备资源的数量、类型、分布等情况，对其做出科学的评价，分析开发利用潜力。2000—2003 年，国土资源部完成了全国 31 个省（自治区、直辖市）耕地后备资源调查评价。2014 年部署开展了新一轮全国耕地后备资源调查评价工作，2016 年底完成。

土地利用动态遥感监测是指应用遥感数据，定期或不定期地监测同一区域土地利用变化情况，包括变化前后地类、范围、位置及面积等。我国目前主要是对耕地和建设用地等土地利用变化情况进行及时、直接、客观的定期监测，检查土地利用总体规划及年度用地计划执行情况。重点是核查每年土地变更调查汇总数据，为国家宏观决策提供比较可靠的

依据。对违法或涉嫌违法用地地区及其他特定目标等进行的日常快速监测，可为违法用地查处及突发事件处理提供依据。

可见，在土地管理行业，土地利用动态遥感监测是土地调查三大内容之一的土地专项调查中三个专项调查之一。土地调查的内容除了地类、位置、面积、分布等自然属性，还包括权属等社会属性以及变化情况。而土地利用动态遥感监测的内容则仅仅包括地类、范围、位置及面积等自然属性及其变化情况。

因此，当前在土地管理行业，"监测"是"调查"的一部分。土地资源调查监测职能部门的第一名称为"调查"，仅在加挂名称中使用"勘测"，以体现勘察、监测的含义。根据国内最大学术文献数据库中国知网检索结果："土地（资源）调查"使用频率远高于"土地（资源）监测"，通常为数倍。

（二）森林调查与监测

我国森林资源调查分为4类：全国森林资源连续清查（简称一类清查）、森林资源规划设计调查（简称二类调查）、森林作业设计调查（简称三类调查）以及年度森林资源的专项调查。各类调查的目的、对象、范围、方法、内容及详细程度各不相同。

国家森林资源连续清查（简称一类清查）是以掌握宏观森林资源现状与动态为目的，以省为单位，利用固定样地为主进行定期复查的森林资源调查方法，是全国森林资源与生态状况综合监测体系的重要组成部分。国家森林资源连续清查的主要对象是森林资源及其生态状况。主要内容包括：①土地利用与覆盖，包括土地类型（地类）、植被类型的面积和分布；②森林资源，包括森林、林木和林地的数量、质量、结构和分布，其中森林按起源、权属、龄组、林种、树种的面积和蓄积以及生长量和消耗量与其动态变化分类；③生态状况包括林地自然环境状况、森林健康状况与生态功能、森林生态系统多样性现状及其变化情况。

1973—1976年，全国第一次最大规模的森林资源清查全面展开并完成（即"四五"清查）。1977年建立全国森林资源连续清查体系，以省为单位，原则上每5年复查1次。第九次全国森林资源清查2014年开始，2018年结束。本次清查以县为单位进行，侧重于查清全国森林资源现状。

森林资源规划设计调查（二类调查）是以森林经营管理单位或行政区域为调查总体，查清森林、林木和林地资源的种类、分布、数量和质量，客观反映调查区域森林经营管理状况，为编制森林经营方案、开展林业区划规划、指导森林经营管理等需要进行的调查活动。森林资源二类调查间隔期一般为10年，在间隔期内，各地可根据需要进行重新调查或补充调查。浙江省从建国初期到21世纪初，先后组织开展了"一五""四五""六五""九五""十一五"共5次全省性森林资源二类调查。上一次二类调查从2003年开始到2012年结束，时间跨度大，调查周期长，时效性差，全省成果统计、汇总、使用等问题突出。2014年5月，浙江省部署开展新一轮二类调查工作，要求到2016年底基本完成。

林地变更调查是指对自然年度内的全国林地利用状况、权属变化以及各类森林经营活动（如造林、采伐、更新等）、自然灾害损害（如火灾、泥石流等）、非森林经营活动（如建设项目使用林地、违法毁林开垦等）等用地情况进行调查的活动。

可见，当前林业行业的各项固定调查监测均以"调查"为名。然而，国家林业局自1997年提出全国森林资源与生态状况综合监测评价体系的研究与建设，纳入了上述各类森林调查。因此，在林业系统的官方术语体系中，各项调查都是整个森林监测评价体系的一部分。各区域、省份的森林资源调查监测职能部门也以"监测"为名。

（三）草原资源调查与监测

全国草地资源清查的目的是了解掌握我国草原资源状况、生态状况和利用状况等方面的本底资料，提高草原精细化管理水平。其中资源类清查指标包括草原总面积、草原类型及面积、草原质量分级及面积。20世纪80年代中期开展了全国第一次草地资源调查；第二次草地资源清查在2017年3月启动，于2018年底结束。

全国草原监测重点对全国草原资源、生态、植被、生产力、利用状况、灾害状况和工程建设效果等进行监测分析。2005年首次全国草原监测完成，此后每年进行监测并发布全国草原监测报告。浙江不再承担地面监测工作的23个主要草原省（区、市）之列。

可见在草原资源管理领域，监测在内容类别方面覆盖超出了调查，且频率也远高于调查。调查的优势在于权属方面更为细致。

（四）湿地资源调查与监测

全国湿地资源调查，是对面积为8 ha（含8 ha）以上的近海与海岸湿地、湖泊湿地、沼泽湿地、人工湿地以及宽度10 m以上、长度5 km以上的河流湿地。开展湿地类型、面积、分布、植被和保护状况调查，对国际重要湿地、国家重要湿地、自然保护区、自然保护小区和湿地公园内的湿地以及其他特有、分布有濒危物种和红树林等具有特殊保护价值的湿地开展重点调查，主要包括生物多样性、生态状况、利用和受威胁状况等。

1995—2003年我国完成了首次全国湿地资源调查，初步掌握了单块面积100 ha以上湿地的基本情况。国家林业局于2009—2013年组织完成了第二次全国湿地资源调查，并形成了完善的湿地资源调查监测系列技术规范。

湿地生态动态监测，应用多平台、多时相、多波段和多源数据对湿地生态资源与环境各要素时空变化进行动态的监视与探测，是湿地生态系统对自然变化及人类活动所做出反应的观测以及评价；是湿地生态系统结构和功能的时空格局变化度量。它分指标类型按季节、季度进行监测或连续在线监测。

国际重要湿地监测，监测指标可分为湿地生态特征监测指标和影响湿地生态特征的监测指标。国家林业局按照《湿地公约》要求，2006年已对我国所有国际重要湿地全面开展监测活动。

可见在湿地领域，调查体系已经相对完善，监测体系尚在建设过程中，监测指标涵盖了资源类，偏重于生态环境类。虽然国家林业局调查规划设计院提出过，独立的中国湿地资源监测体系设想，但湿地资源的监测当前总体属于国家林业局全国森林资源与生态状况综合监测评价体系的一部分。

（五）水资源调查与监测

水资源调查评价旨在全面摸清近年来我国水资源数量、质量、开发利用、水生态环境的变化情况。

我国分别于20世纪80年代初、21世纪初相继开展了2次全国范围的水资源调查评价工作。2017年4月启动第三次全国水资源调查评价，力争用2-3年时间完成，时限为1956年至2016年，内容包括降水、蒸发、径流、水资源量、出入境水量、地下水量、地表水质量、水生态、污染物入河量等。

水资源监测则通过标准化建设的水资源水量实时自动监测站网或人工监测设备，实测获取流域或区域范围内河流、渠道、湖泊、水库、取水点（包括地表水和地下水）、退（排）水点的降水量、水位、流量、蓄水量、流速等水雨情信息。未布设监测站的，宜采用水文调查方法获取水资源水量信息。

水利部自2012年起，依托水文局（现水利部信息中心）开展国家水资源监控能力建设项目，建立了国家水资源管理系统框架，初步形成了与实行最严格水资源管理制度相适应的水资源监控能力。

可见，当前在水利部门，监测是基于水文站网监测设备实时获取水雨情实测数据的常态化工作，而调查是二十年一度的普查性工作。调查体系已经相对成熟完善，而监测体系相对而言还处在不全面、未覆盖，尚在建设完善的过程中。

（六）海洋资源调查与监测

海洋调查是对特定海域的部分海洋要素及相关海洋要素进行的观测，并在此基础上对其分布特征及演化规律做出初步评价的过程。

海洋资源能源调查包括：海洋矿产资源调查、海洋生物资源调查、海洋可再生能源调查及海水资源调查。

1958年9月—1960年12月进行的中国近海海域综合调查，是第一次大规模的全国性海洋综合调查。1980年开展了历时7年的全国海岸带和海涂资源综合调查。2004—2009年我国近海海洋综合调查与评价专项（908专项）基本摸清了我国近海海洋环境资源家底，对海洋环境、资源及开发利用与管理等进行了综合评价，首次获取我国大陆海岸线长度和海岛数量等高精度实测数据；首次查明了我国海洋能等新兴海洋资源分布及开发潜力；首次系统地获得了准同步、全覆盖的我国近海海洋环境基础数据，全面摸清了我国近海空间资源的基本状况及利用前景。

海洋监测是在设计好的时间和空间内，使用统一、可比的采样和监测手段，获取海洋环境质量要素和陆源性入海物质资料，包括海洋污染监测以及海洋水文气象要素、生物要素、化学要素和地质要素等海洋环境要素监测。

海洋观测是对特定海域的部分海洋要素进行测量（测定、分析）和定性描述（鉴定），并将结果汇总成数据文档（报表）的过程。

海洋资源监测包括生物、矿产、旅游、港口交通、动力能源、盐业和化学等海洋资源的监测与调查。

可见海洋领域的调查和监测（观测）从对象、内容、手段上并没有太大差别，主要体现在频次的差异。海洋监测基于岸基、船基、海底、浮标、潜标、卫星、航空等监测平台构建的立体监测系统，主要获取海洋环境信息。2014年12月，国家海洋局规划建设全国海洋观测网，海洋资源的调查监测在海洋调查监测中所占比重较小。

（七）矿产资源的调查和监测

矿产资源调查是对矿产资源的成因、物性、分布、规模、质量、演化规律、开发利用条件、经济价值及其在国民经济、社会公益事业中的地位和作用等方面进行的全方位分析、评估和预测。

1998年国土资源部成立后，组织开展了新一轮国土资源大调查（原名地质大调查），主要对土地、矿产、海洋资源等自然资源开展基础性、公益性、战略性综合调查评价工作，包含"一项计划，五项工程"之一即为矿产资源调查评价工程。1999年8月开始，2010年结束，历时12年。

矿产资源勘查是指依靠地质科学理论，运用各种找矿方法发现并探明矿床中的矿体分布、矿产种类、质量、数量、开采利用条件、技术经济评价及应用前景等，满足国家建设或矿山企业需要的全部地质勘查工作。

矿产资源储量动态监测是通过矿山地质测量技术方法，适时、准确掌握区域内矿山企业年度开采、损失、保有储量数据，了解矿产资源储量变化情况及原因，促进矿山矿产资源储量的有效保护和合理利用。

全国矿山遥感监测利用高分辨率遥感技术的"天眼"优势，开展矿山地质灾害、矿山开发占损土地情况、矿山环境污染、矿山环境恢复治理等监测，可以快速为全国各级国土资源管理部门准确了解矿山开发、矿山地质环境等现状及变化情况，及时履职尽责。2006年以来，中国地调局航空物探遥感中心先后组织开展了全国重点矿区、全国陆域的矿山遥感监测工作，包括年度全国矿产资源开发状况、开发环境遥感监测等。

可见在矿产资源领域，调查内容覆盖面广，但周期长、耗时耗力、次数少；监测主要针对资源储量、开发状况、开发环境等开展年度的现状和动态变化信息获取。

三、对重构组建的自然资源管理部门调查与监测的认识定位

(一)"自然资源"词语解释及分类

根据 2009 年《辞海》(第六版彩图本)"自然资源"泛指天然存在的并有利用价值的自然物,如土地、矿藏、气候、水利、生物、森林、海洋、太阳能等资源。

2013 年《〈中共中央关于全面深化改革若干重大问题的决定〉辅导读本》指出:自然资源是指天然存在、有使用价值、当前和未来福利的自然环境因素的总和。

《中国资源科学百科全书》(2000 年版)根据自然资源的属性和用途进行多级综合分类,是我国较为广泛适用的一种分类。该分类将自然资源分为陆地自然资源系列、海洋自然资源系列和太空(宇宙)自然资源系列 3 个一级类型。陆地自然资源系列又分为土地资源、水资源、矿产资源、生物资源、气候资源 5 个二级类型;海洋自然资源系列分为海洋生物资源、海水资源(或海水化学资源)、海洋气候资源、海洋矿产资源、海底资源 5 个二级类型。二级类型又可细分为若干三级类型,如土地资源又分为耕地资源、草地资源、林地资源、荒地资源等。

《宪法》第九条规定,矿藏、水流、森林、山岭、草原、荒地、滩涂等自然资源都属于国家所有,即全民所有。2016 年 12 月 20 日,中央七部委联合印发《自然资源统一确权登记办法(试行)》,明确对水流、森林、山岭、草原、荒地、滩涂以及探明储量的矿产资源等 7 类自然资源的所有权统一进行确权登记,这是我国首次从自然资源产权制度建立的层面,对自然资源的范畴进行了定义。

《民法通则》规定的自然资源分为矿藏、水流、森林、山岭、草原、荒地、滩涂、水面等 8 类。《物权法》规定的自然资源分为矿藏、水流、森林、山岭、草原、荒地、滩涂、海域、野生动植物资源、无线电频谱等 10 类。

按照管理需要和法律法规,自然资源管理部门的自然资源分类分为土地、矿产、水、森林、草原、海域、海岛、野生动植物、气候、空域、无线电频谱、自然保护区、风景名胜区等 13 种。相关管理部门包括自然资源部、生态环境部、水利部、农业农村部、工业和信息化部、国家能源局、国家林业和草原局、中国民用航空局。单门类自然资源法规包括《土地管理法》《农村土地承包法》《矿产资源法》《水法》《森林法》《草原法》《海域使用管理法》《海岛保护法》《野生动物保护法》《气象法》《航空法》《野生植物保护条例》《无线电管理条例》《自然保护区条例》《风景名胜区条例》等。

根据自然资源部"三定"方案和省自然资源厅"三定"方案,自然资源包括土地、矿产、森林、草原、湿地、水、海洋等类型。

由于自然资源分类体系在学界、法律界和行政管理部门皆有差异,且当前自然资源管理行政主管部门所管辖自然资源类型尚未涉及太空和空域、气候、太阳能、无线电频谱等非实体自然资源类型,关于自然资源监测对象应以宪法和相关法律法规为基础,依托国家

和省"三定"方案界定的内容和分类确定，即包括土地、矿产、森林、草原、湿地、水、海洋等覆盖地表及地下的实体自然资源类型。

（二）从"两统一、六方面"职责要求定位

"两统一"即"统一行使全民所有自然资源资产所有者职责；统一行使所有国土空间用途管制和生态保护修复职责"。"六方面"即"对自然资源开发利用和保护进行监管，建立空间规划体系并监督实施，履行全民所有各类自然资源资产所有者职责，统一调查和确权登记，建立自然资源有偿使用制度，负责测绘和地质勘查行业管理等"。在此中的表述更多是定位于管制、保护修复、监管和监督。由此可见，在自然资源管理中，虽然调查和监测单从获取数据的方法和采用的技术上差异不大，但获取数据后的使用目的和数据本身的性质具有明显的不同作用和价值。调查是为了获取和建立"底图、底线、底板"，为构建统一的国土空间管控体系打好基础，从既有调查来看主要是为了说明"什么是、有什么"；而监测则是为了更好地实施"管制、监管和保护修复"，建立山水林田湖草生命共同体，更应该从"怎么样、会怎样"来说明问题。

调查数据属性信息更为全面、详尽，但耗资巨大、周期长，通常反映 5-10 年甚至更长时期内的自然资源基底状况，现势性较差，处于相对稳定静止的状态，主要用作自然资源管理的底图；监测数据成本相对较低、周期短，可以反映每个年份或季节、月份、日甚至实时的自然资源基本状况，具有很强的现势性，处于不断动态更新的过程中，主要用于反映自然资源的现势和趋向。调查在若干年的周期内属于一次性行为，监测则是持续不断甚至实时进行的动态行为。也就是说，对于全流程自然资源管理而言，调查是本底，监测是常态。

在每 5 或 10 年开展一次的大型综合性自然资源调查之间：①开展每年一度的综合性自然资源监测；②针对土地、森林等特定自然资源类型，国家级政策或省级重大战略重点建设示范区、自然保护地、生态修复示范区等特定地区，以及"三区三线"等特定自然资源考核指标，开展一年一度甚至更高频次的专题性自然资源监测；③针对突发自然资源事件开展不定期的应急监测；④针对自然资源综合管理和国土空间用途管制的多方面需求，定期或不定期地开展评价分析，以期动态掌控自然资源管理和国土空间治理的现状与趋势，为国家政策或地方重大战略的实施提供决策支持。

本节从调查与监测的基本词义辨析、自然资源的基本概念和分类出发，针对当前自然资源主管部门涉及的土地、森林、草原、湿地、水、海洋、矿产等 7 大自然资源类型，经过系统调研，分析了调查与监测的区别与联系，并结合"两统一、六方面"职责要求定位，提出了自然资源监测方面的建议。主要得到以下结论：①在自然资源管理中，虽然调查和监测单从获取数据的方法和采用的技术上差异不大，但获取数据用于的目的和数据本身的性质具有明显的作用不同和价值不同；②从目的用途上，调查是为了获取和建立"底图、底线、底板"，为构建统一的国土空间管控体系打好基础。而监测则是为了更好地实施"管制、监管和保护修复",建立山水林田湖草生命共同体。调查偏重于了解现状,监测侧重于掌握动向。调查是为了理清现状全貌,监测是为了监视动向态势;③从数据性质上,调查数据属性信息更为全面、详尽,但耗资巨大、周期长、现势性较差,处于相对稳定静止的状态。监测数据成本相对较低,周期短,具有很强的现势性,处于不断动态更新的过程中;④从行为属性上,对于全流程自然资源管理而言,调查是一次性获取本底,监测则是常态化掌控动态。

为此,拟提出以下建议供进一步的讨论并建议在实践中得以应用:①在若干年开展一次的自然资源调查之间,应开展每年一度的综合性自然资源监测;②针对特定的自然资源类型、特定地区、特定自然资源考核指标,应开展一年一度甚至更高频次的专题性自然资源监测;③应针对突发自然资源事件开展不定期的应急监测;④应针对自然资源综合管理和国土空间用途管制的多方面需求,进行定期或不定期的评价分析。

第二节 全力履行自然资源调查监测新使命

一、自然资源调查监测职责

开展自然资源统一调查监测评价,是贯彻落实习近平生态文明思想、推进自然资源管理体制改革的重要举措,也是履行自然资源管理"两个统一、六项职责"的前提和基础。随着自然资源部的成立,我国将构建统一组织开展、统一法规依据、统一调查体系、统一分类标准、统一技术规范、统一数据平台的"六统一"自然资源调查监测体系。彻底解决各类自然资源调查数据不统一的问题,全面查清各类自然资源的分布状况,形成一套全面、完善、权威的自然资源管理基础数据,并在此基础上优化国土空间变化监测体系,以满足自然资源治理体系和治理能力现代化的需求。

自然资源调查监测处的职责主要是建立统一规范的自然资源调查监测评价制度;定期组织实施全区性自然资源基础调查、变更调查、动态监测和分析评价;开展水、森林、草原、湿地资源和地理国情等专项调查监测评价工作;承担应急监测及重点区域、特定对象的专题监测;组织建设自然资源调查监测评价数据库和信息管理平台,提供信息共享。

二、自然资源调查监测面临的问题和挑战

近年来,我国相继开展了土地调查、森林资源清查、水利普查、草地资源调查、海岸带调查和地理国情普查等工作。通过不同部门组织开展的各类自然资源调查、普查、清查,获得了大量的数据,为国家重大决策部署提供了基础依据,为促进经济社会发展发挥了重要作用。

长期以来，我国自然资源实行分头管理，自然资源调查监测工作分头组织，由于调查监测缺乏顶层设计，标准和技术体系不统一，调查方法不同，导致了国土、水利、农业、林业等部门获得的数据不一致，难以形成"一套数据"，也难以构建"一张底版"，因而成果不能共享，直接影响各类自然资源管理职能的履行，不利于将山水、林田、湖草作为一个生命共同体进行系统治理。

新的自然资源调查监测将实现调查成果一查多用，最大程度地发挥调查监测成果的综合效益，广泛应用于经济社会发展的各个领域。

三、认真履行自然资源调查监测新职责

自然资源调查监测处将认真学习贯彻习近平总书记关于生态文明和自然资源管理的系列批示指示精神，按照厅党组的要求，以履行自然资源统一调查监测职责为核心，在今后一段时间重点抓好以下几方面工作：

（一）抓好组织实施，扎实推进广西第三次全国国土调查

第三次全国国土调查工作事关全局，我们必须站在贯彻党中央精神、维护党中央权威、坚持国家立场的高度，充分认识第三次全国国土调查工作的极端重要性。第三次全国国土调查不仅仅关系到生态文明建设，还关系到2020年第一个百年目标实现之后迈向第二个百年目标，基本实现现代化的最基础的自然资源条件和国情国力的判断。同时，第三次全国国土调查是开展自然资源统一确权登记、自然资源资产权益管理、自然资源开发利用以及国土空间规划、用途管制、生态修复、耕地保护等各项自然资源管理工作的基础。在广西的第三次全国国土调查中，要坚持实事求是原则，按照国家要求按时按质按量完成任务。

（二）加强统筹协调，持续开展年度土地变更调查工作

持续更新全区土地调查成果，全面掌握14个市年度土地利用变化情况，有力支撑自然资源"一张图"和综合监管平台平稳运行，不断夯实以图管地工作基础。开展土地利用和管理情况评价分析，提升土地参与宏观调控能力，实现土地变更调查成果在生态文明建设、自然资源管理等相关工作中的深入应用，促进最严格的耕地保护制度和最严格的节约用地制度进一步落到实地。

（三）推动监测成果应用，深入开展常态化地理国情监测

地理国情是重要的基本国情，是制定和实施国家发展战略与规划、优化国土空间开发格局的重要依据，是推进自然生态系统和环境保护、合理配置各类资源、实现绿色发展的重要支撑。要持续开展年度基础性地理国情监测工作，完成国家级基础性地理国情监测任务；围绕自治区重大战略实施和重大工程建设需要，针对重点、热点、难点问题，开展专题性地理国情监测，加强监测成果应用。

（四）大力推进创新，探索构建自然资源调查监测评价体系

根据自然资源厅的资源调查职责，收集结合林业、农业、海洋、水利等部门已有的资源调查成果，推进自然资源现有调查成果的实质融合，分步解决标准不一和空间重叠的问题。开展专题研究工作，重点研究广西自然资源类型及分类，自然资源调查技术指标设定，自然资源调查技术实现难点，国土空间规划、国土空间用途管制和统一调查监测评价指标的相互协调等。初步选择1个县区为基本调查区域，重点考虑土地、林业、草地、水、湿地等主要自然资源类型，有针对性地开展自然资源统一调查监测评价试点，探索符合广西实际的监测指标体系和评价指标体系。

（五）建立健全制度，加强自然资源调查监测支撑体系和机制建设

逐步建立健全的调查监测技术标准、内容指标、质量控制和产品服务体系，结合工作实际建立调查监测业务协作、信息发布、共享应用、绩效评价等工作机制。在自然保护地、永久基本农田的管理中对涉及调查监测工作的制度进行梳理修改。整理自然资源调查监测负面清单，理清各级自然资源调查部门的事权范围。

第三节 以自然资源统一调查监测促进生态文明建设

生态文明建设是关系到中华民族永续发展的根本大计，自然资源作为生态文明建设的基石，其开发与利用方式、管理机制与生态文明建设息息相关。自然资源调查监测作为查实查清自然资源的重要管理手段，与自然资源管理和生态文明建设之间具有重要的内在联系，是全面推进生态文明建设的基础性工作。

一、生态文明建设引领调查监测工作走向统一

长期以来，自然资源调查监测工作一直分散在国土、住建等政府部门，由各部门分散实施管理范围内的调查工作，没有实现统一的调查标准、时间、方式。

为适应新时代生态文明建设需求，进一步加大对自然资源的保护力度，健全自然资源资产的管理和生态环境监管体制。党的十九大后，我国新组建成立了自然资源部，对自然资源统一行使全民所有自然资源资产所有者职责，及国土空间用途管制和生态保护修复职责。自然资源部全面实施对自然资源的集中统一综合管控，实施对自然资源的统一调查评价、统一确权登记、统一用途管制、统一监测监管和统一整治修复。其中，对自然资源的统一调查评价就是以调查评价为基础，全面准确地掌握自然资源"家底"，形成自然资源"一张图"管理模式，让"一张图"告诉我们，什么地方能开发、什么地方要保护。

二、调查成果为生态环境的"源头严防"提供基础支撑

当前,环境综合统计、退耕还林还草、生态红线与自然保护区划定、土壤与重要水源地污染防治等生态文明建设工作都是以土地调查数据为主体的自然资源调查数据为依据。

落实生态环境的"源头严防",需要建立健全自然资源资产产权制度、自然资源资产管理体制。其中,科学编制国土空间规划、国土空间生态修复规划是科学划定生态保护红线、永久基本农田、城镇开发边界三条控制线的基础,也是打好水资源污染、土壤污染攻坚战的重要保障;摸清农村土地利用综合潜力,是努力开创新时代土地管理工作新局面,促进乡村振兴和建设美丽中国的重要依据。未来,科学规划和布局生产、生活、生态空间,统筹山水林田湖草系统管理,促进绿色发展和生态文明建设,都需要自然资源调查监测提供基础支撑。

三、监测工作为生态环境的"过程严管"提供技术保障

尊重自然、顺应自然、保护自然,坚持山水林田湖草是一个生命共同体,是一个完整的生态系统,不能人为割裂自成一体,是我国生态文明建设的根本理念,更是生态环境监测体制改革需坚持的基本原则。落实生态环境"过程严管",推进生态文明建设,必须依靠自然资源统一监测监管和调查评价。

《"十三五"国家信息化规划》提出:"实施自然资源监测监管信息工程,建立全天候的自然资源监测技术体系,构建面向土地、海洋、能源、矿产、水、森林、草原、大气等多种资源的立体监控系统。"3月底,我国成功发射3颗光学卫星(即高分一号02、03、04卫星),3颗卫星成功组网运行,推动我国自然资源调查监测和保护监管手段的升级换代,将大幅度提高对山水林田湖草等自然资源全要素、全覆盖、全天候的实时调查监测能力,为自然资源资产管理和自然生态监管提供精准信息保障。相信在省以下机构改革完成后,自然资源管理部门将实现自然资源数量、质量、生态"三位一体"统筹管理,实施国土开发强度和国土空间格局的综合动态监管,建立纵向联动、横向协同、互联互通的自然资源信息共享服务平台,强化自然资源监管、优化国土空间开发,为生态文明建设提供有效的技术支撑。

调查评价为生态环境的"后果严惩"提供权威数据。落实生态环境的"后果严惩",倒逼生态文明建设,而建立自然资源资产负债表、实行干部离任审计制度、实施绿色发展与生态文明建设考核是其中较为重要的几个手段。

2017年,国家制定《绿色发展指标体系》《生态文明建设考核目标体系》,作为开展生态文明建设评价考核的依据。河南省根据国家相关规定制定了《河南省绿色发展指标体系》《河南省生态文明建设考核目标体系》,两大体系中,多数核心指标都来自省政府相关职能部门的调查和监测成果,其中,涉及国土部门的耕地保有量等二级指标都直接或

间接来自土地调查数据，这充分体现了自然资源调查数据的重要性、权威性。

四、做好"三调"，为统一调查监测夯实基础

土地既是各类自然资源的载体，也是重要的自然资源和资产。2017年10月，国务院发文部署"三调"工作，重点强调了做好"三调"工作、掌握真实准确的土地基础数据。是推进国家治理体系和治理能力现代化、促进经济社会全面协调可持续发展的客观要求，是加快推进生态文明建设、夯实自然资源调查基础和推进统一确权登记的重要举措。

"打铁必须自身硬"。新一轮机构改革正扎实推进，不久的将来，单一的土地调查将向自然资源统一调查转变。作为从事土地调查的各级干部，要讲政治、顾大局，顺应时代变革，通过"三调"工作的历练，全面提升政治站位本领、统筹调查本领、依法调查本领、专业调查本领、廉洁调查本领，勇于创新担当，加强知识储备和实践积累，以良好的精神状态迎接新的挑战，为践行习近平新时代生态文明建设思想做出更大贡献。

第四节 3S技术的自然资源一体化监测调查体系

第三次全国土地调查中包含了自然资源的专项调查，自然资源的丰富存量和可持续的再生能力是社会经济发展的基础，也是生态承载能力的基础。生态环境破坏主要是由于自然资源的不合理开发和过度利用造成的。因此，做好自然资源监测调查与保护管理是建设生态文明的基本任务。

随着3S技术的发展，RS（Remote Sensing）卫星遥感及无人机遥感影像在自然资源管理方面的应用越来越频繁，涉及面也越来越广泛；GNSS（Global Navigation Satellite System）具有高精度、全天候、高灵活性等特点，广泛应用于国土、水域、森林等精准化定位工作中。GIS（Geographic Information System）技术的发展为自然资源基础数据库的建立提供了便利条件。因此为适应经济的快速发展以及国家对自然资源统一监测监管的工作需求，建立以3S技术为支撑的自然资源一体化监测调查技术体系具有一定的现实意义。

一、自然资源监测调查体系建设的必要性

现阶段，由于各项自然资源分管于不同的部门，监测调查工作独立完成，缺乏整体规划与系统性。第一，实际工作中存在同一块变化图斑由于各项调查侧重点不同而重复调查，卫星影像数据源重复采集处理，造成严重的人力、财力浪费；第二，虽然各部门存在较为详细的调查成果资料，但是由于各部门数据资源共享性差，造成自然资源综合评价与分析存在片面性；第三，各项自然资源调查监测标准的不统一造成数据的多样性与混乱性，在不同部门之间难以共同使用，例如，对有林地的定义，国土部门和林业部门就存在不同的

认定标准和范围标准，数据不一致，造成数据难以共享与分析。

虽然各项自然资源有相互独立的调查监测系统，但是并没有一套囊括不同业务的自然资源监管系统，缺少整体性、全面性的调查监测监管体系。综上，建立自然资源监测调查一体化平台是十分必要的。

二、系统建设框架

自然资源一体化监测调查技术体系主要包括三个方面，第一是平台的建设，包括平台的搭建与数据库的建立；第二是监测部分，采用卫星遥感监测为主，无人机航空摄影测量为辅的技术手段，根据影像前后时像，分析对比出变化图斑。

第三是采用基于移动 GIS 开发的外业信息采集 app，能直接定位到所需到现场位置，并能记录信息采集时的坐标及方位，并且需要精确采集坐标点位置时，可采用 GNSS 直接定位，采集满足需求的精确位置坐标。

三、基于 3S 技术的数据获取及信息采集

（一）卫星遥感监与无人机摄影测获取数据源

对监测区采用主动影像采集，每月获取一期影像数据，数据源主要包括亚米级卫星影像收集与整理和 2 米级卫星影像收集与整理。其中高分二号、北京二号为亚米级卫星影像，资源三号（01 星、02 星）、资源一号 02C 2 米级卫星影像为 2 米级数据。卫星影像数据以亚米数据源为主（50% 以上），两米级数据为补充（50%），实现月监测影像采集。

图斑提取工作主要是计算机辅助人工提取，通过对照前后两期影像数据，将土地现状数据套合，进行变化监测，对变化区域按照指定的土地利用类型分类标准，利用 GIS 录入地块图斑的属性信息，构建图层拓扑关系，最后图斑成果质检（一检、二检）与质量控制，形成带有属性数据的地块图斑。通过影像可以直观地看出地表建筑物的变化，并且具有全局性，有利于资源管理部门整体把握，水利部门通过遥感监测能及时发现河湖范围内的违法占用情况，及时通报违法的工程，提高信息化管理水平。

对于月监测卫星影像不能覆盖的区域，则采用无人机航拍进行数据采集，补充影像缺失。无人机航拍具有机动灵活性、响应快、时效性强等特点，所获取的影像数据空间分辨率高，能精确获取土地利用变化情况。但无人机目前的自动化程度较低，需耗费较多的人力，因此只将无人机应用于补充卫星遥感影像监测空白区域，形成多元数据合成镶嵌影像。

（二）GIS 系统进行内业数据采集及初步分析

叠加分析是 GIS 的一项重要的空间分析功能，将图斑与数据库中多个图层进行叠加，分析图斑在空间位置上在基础库中所属性质，将多层数据的属性赋予图斑，例如，土地资源监测，将提取的图斑与基本农田数据层，土地利用现状数据层以及规划数据相叠加，分

析图斑空间位置上是否占压基本农田，占压耕地以及是否符合土地规划，并将属性赋予图斑，形成图斑初步的分析报告。

（三）移动 GIS 与 GNSS 相配合的外业数据采集

随着无线通信、互联网、物联网等技术的发展，新型的移动 GIS 服务以逐渐取代传统的纸质地图，并充分应用于外业调查工作中。移动 GIS 不仅仅提供准确的位置服务，同时也能与其他需要的功能模块进行融合，开发的软件在提供位置服务的同时，还能记录运动轨迹与采集现象照片信息，并将作业人员的调查信息进行记录，在线传回自然资源一体化平台。

GNSS 具有高精度、全天候、高灵活性等特点，广泛应用于地籍测量、矿山测量、土地勘测定界、土地动态监测等测绘工作中。CORS 系统的推广应用，在自然资源测量管理中具有重要的应用价值，大大地促进了自然资源管理中的高效率、高精度测量工作。一方面，GNSS 控制测量为卫星遥感影像及无人机航拍影像提供像控点，对遥感影像及航拍 DOM 数据成果进行检核，后期 DOM 纠正采用有控纠正方式，采集的像控点同时可作为像控点为 DOM 制作提供高精度控制资料参考；另一方面，利用 CORS 系统，现场核实监测图斑的范围，取证测量坐标，测量自然资源精确位置坐标，弥补了卫星遥感及航拍影像精度较低的不足。

四、建立自然资源一体化建设的可行性分析

（一）土地与水利部门联合调查监测先行经验

苏州市卫星遥感监测监管系统，首先将不同的业务类型进行分析，制定兼顾各项业务的统一标准，使用统一的卫星遥感影像，开展疑似违法、土地利用现状、土地批供用、水利设施、城市内河等周期监测，实现土地执法、土地利用、水资源保护等各项工作的统一部署，取得显著成效。基于上文分析，国土资源管理、水资源调查与其他自然资源资源管理工作具有相似性，因此，此模式作为试点可以进一步推广到更大范围的自然资源监测监管。

（二）自然资源监测监管体系建立的可行性

随着"地理信息+"与"互联网+"等新兴技术的不断发展与深度融合，统一标准、数据共享、数据保密、数据分析等技术已经在实际工作中得到验证，专业的监测监管一张图服务平台、专线的网络服务，在保障工作业务顺利开展的同时，确保数据的安全可靠。推动统一自然资源平台化监测监管，将自然资源监管职能化趋向综合化监管体制，横向关系上，统一监督管理与各部门分工负责相结合；纵向关系上，中央与地方的分级监督管理相结合。通过平台搭建与体系建设，实现自然资源节约、生态保护和污染防治统一监管监

督机制，实现自然资源管理的大数据信息化管理。

（三）组织结构可行性

目前，我国自然资源部将国土资源部的职责，国家发展和改革委员会的组织编制主体功能区规划职责，住房和城乡建设部的城乡规划管理职责；水利部的水资源调查和确权登记管理职责；农业部的草原资源调查和确权登记管理职责；国家林业局的森林、湿地等资源调查和确权登记管理职责；国家海洋局的职责；国家测绘地理信息局的职责整合。对自然资源开发利用和保护进行监管，建立空间规划体系并监督实施，履行全民所有各类自然资源资产所有者职责，统一调查和确权登记，建立自然资源有偿使用制度，负责测绘和地质勘查行业管理等，实现自然资源的统筹规划与管理。因此，突破现有的管理模式，打破部门利益格局，实现各部门对自然资源的共同参与、分工合作势在必行。

自然资源的周期性监测调查是保护其可持续发展的必要措施，现阶段的各项资源调查分头组织管理，造成标准不统一、部门之间数据不共享、重复劳动等诸多问题。自然资源一体化监测调查体系将自然资源各项业务融合到一套系统中，统一数据标准，统一技术规范，统一调查体系，采用现代化的测绘地理信息技术手段，打通数据源获取、图斑处理、外业调查、内业判读、数据库整理的整个流程，形成基于3S手段的完善的监测调查技术体系，形成全面、权威、通用的自然资源管理基础数据，满足自然资源治理体系和治理能力的现代化需求。

第五节　地理空间大数据服务自然资源调查监测的方向分析

大数据为政府用户、企业用户与个人用户提供前所未有的应用价值和服务能力。针对十九大提出的自然资源调查监测的要求，从数据体系、技术能力和应用需求等方面分析了自然资源调查监测和地理空间大数据的关系。提出了由全天候立体化监测网、自然资源调查监测大数据仓库及自然资源调查监测大数据计算中心和自然资源调查监测大数据服务平台组成的自然资源调查监测地理空间大数据技术架构。同时，指出地理空间大数据服务自然资源调查监测面临获取、融合、知识发现、可视化和可靠性等方面主要挑战。

党的十九大明确了自然资源管理的"两个统一"，即"统一行使全民所有自然资源资产所有者职责，统一行使国土空间用途管制和生态保护修复职责，着力解决自然资源所有者不到位、空间规划重叠等问题，实现山水林田湖草整体保护、系统修复、综合治理"。自然资源调查监测作为自然资源管理的基础性工作，旨在全面查清自然资源空间分布、质量状况，形成全面完善的自然资源管理的基础数据，这些都离不开测绘地理信息技术和数据的支撑。地理空间大数据技术是新型测绘地理信息技术，能够有力的支撑和服务自然资源调查监测。本节通过分析地理空间大数据和自然资源调查监测之间的关系，提出了基于地理空间大数据的自然资源调查监测技术体系。

一、自然资源调查监测

（一）自然资源的基本概念

资源是自然界中能为人类直接利用，并带来物质财富的部分。自然资源是指在一定时间条件下，能够产生经济价值，提高人类当前和未来福利的自然环境因素的总称，具有有效性、有限性、稀缺性、整体性、时空分布的不均匀性和多用性等基本特征。

自然资源可分为气候资源、水资源、生物资源、土地资源、矿产资源和海洋资源等。根据不同的利用方向分为农业资源、工业资源、能源、旅游资源等。

（二）自然资源调查监测的目的和任务

自然资源调查监测的目的：一是为自然资源管理提供基础数据；二是为自然资源分析评价提供基础图件和属性数据；三是动态监测自然资源的变化；四是为制定国民经济规划、各种功能区规划提供重要的数据依据。

自然资源调查监测任务：一是要清查自然资源的数量（类型面积及其分布、空间布局）；二是要查清各类自然资源的基本特性和质量状况；三是分析自然资源利用存在的问题，进行自然资源的保护与修复；四是编制自然资源调查的成果记录。

二、地理空间大数据与自然资源调查监测的关系

大数据带来了科学范式的变化，进而实现"数据→信息→知识→决策支持"到"数据→知识→决策支持"的转变，将会在社会经济的各个领域发挥不可替代的重要作用，给政府用户、企业用户与个人用户提供前所未有的应用价值和服务能力。地理空间大数据在统一的地理空间大数据框架下，利用大数据和地理信息技术，实现对海量、异构、多语义、时序、多尺度数据的采集、存储、管理、共享、关联分析和可视化展示，从中产生新知识、创造新价值、提升决策能力，将成为地理空间大数据服务的重要方式。从自然资源调查监测的目的和任务需求来看，它与地理空间大数据有着天然的联系，主要体现在以下方面：

（一）自然资源调查监测助力构建地理空间大数据的数据体系

无论是清查自然资源的类型、面积、空间分布、空间布局，还是查清其基本特性和质量状况，亦或是自然资源的保护和修复，在原始资料准备阶段需依托以下几种类型数据：航空航天遥感数据、基础地理信息数据、地理国情普查及监测数据、各类地面传感器数据、各类专题统计分析数据、多源地理空间数据等。

航空航天遥感数据。即通过航空、航天遥感获得的数据，是自然资源调查监测的主要

数据源。按搭载在遥感平台的传感器可以分为可见光——近红外、热红外、微波、LiDAR等。按照空间分辨率或极化方向，通过传感器又可获得不同类型的遥感数据。可见光——近红外、热红外、微波数据可实现对自然资源的几何特征探测和机理特征反演，LiDAR数据是记录自然资源的几何特征的另一有效手段。

基础地理信息数据。基础地理信息数据以4D产品为代表，是应用范围最广泛、共享需求最大的地理空间数据。1∶50 000的DOM、DLG数据成果已形成年度更新机制。基础地理信息数据为自然资源调查与监测提供了有效的地理数据框架和本底数据。

地理国情普查及监测数据。依托第一次全国地理国情普查，形成了地理国情普查成果，是地理国情监测的本底数据，涵盖了自然和人文地理国情要素。基础性地理国情监测实现了地理国情普查成果的年度更新，专题性地理国情监测和地理国情监测分析获得了重点监测内容的持续性监测成果。地理国情普查及监测数据依据"所见即所得"的生产原则，真实记录了自然资源变化的基本过程。

各类地面传感器数据。以地面传感器为数据采集的工具，可实现数据的常年获取，如基于CORS的大地测量数据、空气污染监测数据、水文数据等，该类型数据的获取频率高、数据结构简单且价值密度低、数据量大。各类地面传感器数据为自然资源调查监测提供了真实的点位监测数据。

各类专题统计分析与调查数据。根据特定目的或工作职责，由特定部门或机构，开展调查、统计与分析形成的数据资料，如经济普查、土壤污染调查、统计年鉴等资料。这些数据为自然资源调查监测提供了较为全面的专项监测结果。

众源地理空间数据。依托互联网或物联网而得到的地理空间数据，该类型数据在当前自然资源调查监测中应用较少，但极具潜力，依托该类型数据进行行为信息挖掘，可以发现短时期内剧烈变化的自然资源信息或其他规律性特征。

上述数据类型的异构、多类型、海量、多尺度等特征满足地理空间大数据的内在要求。因此，借助自然资源调查监测工作将推动地理空间大数据的极大丰富，形成数据体系较为系统的地理空间大数据仓库。

（二）自然资源调查监测需要地理空间大数据的技术能力

随着自然资源管理应用需求的快速变化和大数据技术的不断进步，自然资源调查监测在数据收集与处理、数据存储与管理、数据分析与计算和数据表达与可视化方面都提出了新的要求。

数据收集与处理。自然资源调查监测的数据来源极其广泛，数据的类型和格式多种多样，同时呈现爆发性增长的态势，数据收集需要从不同的数据源实时地或及时地收集不同类型的数据并发送给存储系统或数据中间件系统进行后续处理。自然资源调查监测数据多数来源于现实世界，容易受到噪声数据、数据值缺失与数据冲突等影响，开展数据清洗、数据归约、数据转换等数据处理工作，有利于提高自然资源调查监测数据源的质量。如自然资源调查监测对全天候立体化数据快速获取技术、网络化传输、整合与同化等技术需求。

数据存储与管理。与传统海量数据最大的区别在于,自然资源调查监测更强调数据的异构性、众源性、动态性,而不仅仅是数据规模。按照集中式和分布式的混合存储架构的地理空间大数据存储框架,可以按照应用需求和数据特征,选择不同的存储方式和组织管理形式,进而满足自然资源调查监测数据存储要求。如面向结构化数据、半结构化数据和非结构化数据,可综合采用传统关系数据库、共享文件系统、NoSQL数据库、分布式文件系统等存储和管理技术。

数据分析与计算。自然资源调查监测需要实现自动快速处理众源异构海量信息,突破众源、异构自然资源信息融合、分布式集群快速处理等关键技术。通过地理空间大数据与自然资源调查监测数据源的深度融合,为自然资源调查监测提供多维、动态的观测数据集。根据自然资源统计分析要求,实现全面反映统计对象数量特征、空间分布、空间关系和演变规律。地理空间大数据分析技术包括已有数据信息的分布式统计分析技术,以及位置数据信息的分布式挖掘和深度学习技术,利用地理空间大数据分析技术可实现高性能数据并行计算和统计分析工作。

数据表达与可视化。虽然自然资源调查监测获得的现状信息,可通过传统数据表达和可视化技术,从数据库或数据集的数据中进行抽取、归纳和组合,通过不同展示方式提供给用户。但是,在时间序列变化、动态趋势性分析、多维信息展示、数据关系可视化方面,需要利用地理空间大数据的数据信息的符号表达技术、数据渲染技术、数据交互技术和数据表达模型技术等可视化技术,实现自然资源调查监测成果转化为用户所需要的信息。

伴随着大数据技术的日益成熟,地理空间大数据技术可满足完整的自然资源调查监测需求。通过提升自然资源调查监测的分析处理、知识发现和决策支持能力,进而深化自然资源调查监测应用工作。

(三)自然资源调查监测催生地理空间大数据的应用需求

自然资源调查监测是机构改革后测绘地理信息领域供给侧结构性改革的关键突破口。自然资源调查监测的开展推动测绘地理信息工作从静态测绘向自然资源动态分析、从被动提供向主动服务转变,推动测绘地理信息领域更加直接承担国家重大改革任务,深度参与国家重大战略实施。服务范围更加广泛,更加有针对性和个性化。因此,自然资源调查监测是以应用需求为出发点,围绕国家和地方社会经济发展的重点,在国家重大战略和重大工程、国土空间开发、生态文明制度体系建设、社会治理和民生保障方面发挥自然资源监测和统计分析的作用。

自然资源调查监测为地理空间大数据应用开辟了广阔的应用前景。按照自然资源调查监测的定位,地理空间大数据可充分发挥在众源、异构、海量数据收集、存储、管理、处理、分析、计算和可视化等方面的技术优势,服务自然资源管理与决策目标。如围绕京津冀协同发展,利用自然资源调查监测数据为生态保护红线划定、交通网络规划、北京非首都功能疏解等提供决策依据；围绕精准扶贫脱贫，利用地理空间数据、业务数据建立精准移民搬迁大数据平台，可为识别搬迁户对象，跟踪搬迁项目进展、落实搬迁绩效考核等提供信息服务。

三、地理空间大数据服务自然资源调查监测

在地理空间大数据架构下，按照自然资源调查监测的工作要求，构建全天候立体化监测网、建设自然资源调查监测大数据仓库及自然资源调查监测大数据计算中心、开设自然资源调查监测大数据服务平台，在云化环境下构建自然资源调查监测从"采集——存储——加工——服务"的全流程地理空间大数据技术体系。

（一）全天候立体化监测网

一方面建立基于传感器的"天基——空基——地基"地球观测数据一体化获取网络，另一方面，利用基础地理信息数据、常态化数据交换获得各类专题统计分析与调查数据和互联网上的众源地理空间数据，形成满足自然资源调查监测的全天候立体化监测网，提升对监测区域的全天候和众源数据获取能力。

（二）自然资源调查监测大数据仓库

面向众源、异构、动态性自然资源调查监测数据源的共建共享与集成应用，基于互联网和大数据存储等技术。实现自然资源调查监测数据源的分布式存储、一体化管理、统一的数据存取访问接口等，为自然资源调查监测在领导决策、部门管理和社会化应用方面提供数据资源保障。

（三）自然资源调查监测大数据计算中心

运用分布式计算、人工智能、机器语言和分析挖掘等知识，实现自然资源调查监测的高效处理和深度学习与计算，提供数据清洗。高性能计算、分布式智能解译与变化监测、数据分析与挖掘处理、深度学习与深度增强学习、自然语言理解、人类自然智能与人工智能深度融合等能力。

（四）自然资源调查监测大数据服务平台

面向社会公众、政府部门、行业用户，按照不同的管理层级，通过统一认证和权限分配，提供门户网站服务、平台服务、应用服务。门户网站服务是基于大数据可视化技术，为用户提供直观、便捷、高性能、可交互的自然资源信息服务。平台服务是以服务接口的形式提供自然资源调查监测大数据计算中心所涵盖的技术能力，如数据处理服务、影像解译服务、数据分析服务、应用服务管理等。应用服务是面向具体的应用（如生态保护与修复、国土空间开发监测）按照一定的业务逻辑而提供的解决方案级服务。

四、地理空间大数据服务自然资源调查监测面临的主要挑战

围绕地理空间大数据服务自然资源调查监测的技术架构，依然面临地理空间大数据在获取、融合、知识发现、可视化和可靠性等方面存在的问题。

（一）全天候立体化数据采集技术

强大的数据采集能力是有效开展自然资源调查监测的基础保障。由于自然资源调查监测对异构、多类型、海量、多尺度数据的内在需求，导致获取的数据差别较大，不同数据类型之间耦合困难，难以综合利用，无法满足自然资源调查监测的要求。需要将自然资源调查监测顶层设计、多传感器协同观测、多源数据共享使用作为一个有机整体来研究，着力构建全天候立体化数据采集体系。自然资源类型多样，具有不同的自然属性特征和变化规律。需要研究自然资源与调查监测数据采集方法的关联规则，建立自然资源调查监测需求与地理空间大数据的统一描述模型和关联约束，实现满足自然资源调查监测需求的数据快速和精准采集。此外，传感器采集是自然资源调查监测的主要手段，突破传感器直接互联共享机制，确定多传感器之间的相互关系和交互机制，定义主要的接口和协议，将为自然资源调查监测数据融合提供有效途径。

（二）地理空间大数据时空融合技术

自然资源调查监测汇集了不同类型、不同尺度、不同时间、不同语义和不同参考系统的地理空间大数据。如何科学描述、表达和揭示地理空间大数据的复杂关系以及相互转换规律？从根本上解决多源异构时空大数据的融合，已成为当下亟待解决的科学问题。需要进一步从整体上研究地理空间大数据时空融合的理论，深入研究多尺度空间数据相似关系理论以及相似性度量模型。不同时间和不同尺度点群、道路网和面状居民地目标的自动匹配算法，特别要重点研究基于地理本体的不同语义空间数据的一致性处理。

（三）地理空间大数据深度学习与智能化发现技术

从卫星遥感监测的"同谱异物、同物异谱"的一个侧面，即可反映自然资源调查监测的复杂性和地域性特征。深度学习是人工智能的一个新领域，适用于大数据的处理。利用深度学习开展自然资源调查监测时，需要进一步加强基于物理模型的深度模型学习算法，并探索新的自然资源信息提取模型。智能型、知识化深度分析将有效提升自然资源调查监测能力，加快从数据向知识方向转变，为基于知识的智能空间决策提供辅助支持。

（四）地理空间大数据可视化分析技术

可视化分析综合了人脑感知、假设、推理的优势与计算机对海量数据高速、准确计算的能力，通过可视交互界面，将人的智慧，特别是"只可意会，不能言传"的人类知识和个性化经验可视地融入到整个数据分析和推理决策过程中成为最有潜力的方向。为满足自

然资源调查监测中可以发现地理空间大数据潜在关联、综合感知地理空间大数据反映的态势并进行科学合理的推理预测与决策判断，需要深入开展地理空间大数据可视化分析研究，实现对自然资源现状及变化的有效描述、科学诊断、合理预测和优化决策。

（五）地理空间大数据可靠性分析技术

针对自然资源的复杂性和时空动态性等特点，需要系统研究服务自然资源调查监测的地理空间大数据的数据采集、数据加工、数据分析和成果质量的可靠性度量、描述和控制方法。地理空间大数据可靠性分析将为实现可靠的自然资源调查监测提供理论与技术支撑。

本节从自然资源调查监测的目的和任务出发，从数据体系、技术能力和应用需求等方面阐述了地理空间大数据与自然资源调查监测的关系，揭示了地理空间大数据与自然资源调查监测有着天然的联系。

按照党中央部署成立的自然资源部，已将自然资源调查监测作为重要职责之一。为了实现自然资源管理从周期性调查向动态性监测的转型升级，围绕自然资源调查监测全过程，瞄准业务和决策管理需求，应充分发挥地理空间大数据对自然资源调查监测的技术支撑保障作用。为此，按照自然资源调查监测的工作要求，通过构建全天候立体化监测网、建设自然资源调查监测大数据仓库及自然资源调查监测大数据计算中心和自然资源调查监测大数据服务平台，实现在云化环境下构建自然资源调查监测从"采集——存储——加工——服务"的全流程地理空间大数据技术体系。同时，围绕地理空间大数据服务自然资源调查监测的技术体系，指出了地理空间大数据获取、融合、知识发现、可视化和可靠性等方面当前面临的主要挑战，以期推动地理空间大数据在自然资源调查监测中的应用。

第六节 高分遥感在自然资源调查中的应用

随着经济建设和卫星技术的发展，研制、发射和运行高分对地观测卫星的国家和高分卫星数量都日益增多。可以说，人类对地观测已进入高分时代。

遥感探测器分辨率的提高，使得探测地物的精细特征成为可能，同时使得遥感数据的应用从单纯的定性向定量方向发展。遥感对地物的探测主要包含3方面的内容：地物的几何特征、物质组成及演化特征。对这些特征的精细探测需要依靠高空间分辨率遥感、高时间分辨率遥感、高光谱分辨率遥感以及高辐射分辨率遥感（统称高分遥感）数据。

高分遥感数据以其独特的优势在自然资源调查、精细农业和城市管理等领域发挥着重要的作用。在自然资源调查领域，高分遥感数据可大力支撑土地利用调查、矿产资源开发与环境监测、基础地质与资源能源调查、生态环境调查、地质灾害监测与应急调查等重点领域的应用需求，同时也储备了大量基础性、战略性资源，推动了空间信息产业的发展。本节在详细介绍各类光学高分遥感数据特点的基础上，阐述了高分遥感数据在自然资源调查中的应用和发展趋势，为在全国范围内广泛应用高分数据积累经验，并可为自然资源战略决策提供科学依据。

一、高分遥感数据概况

本节所指的高分数据包括高空间分辨率、高时间分辨率、高光谱分辨率以及高辐射分辨率遥感数据，但由于目前高辐射分辨率数据在自然资源调查中应用的报道较少，大多数还停留在对数据的分析处理等研究层面。因此，本节重点综述高空间分辨率、高时间分辨率和高光谱分辨率遥感数据在自然资源调查中的应用。

空间分辨率（spatial resolution）是遥感影像单个像素所能描述的最小地物尺寸，反映的是卫星分辨目标的能力。一般而言，空间分辨率优于 1 m 的光学成像卫星所获取的数据称为高空间分辨率遥感数据。卫星遥感数据空间分辨率的不断提高，使地物的大小、形状、空间特征及与其他地物的空间关系等在遥感图像上一览无余，可以和航空摄影相媲美。

时间分辨率（temporal resolution）是指重复观测同一地区所需要的时间，是评价遥感系统动态监测能力的重要指标。依据观测对象自然历史演变和社会生产过程的周期可分为 5 种类型：①超短期的，如台风、地震、滑坡等，以分钟、小时计；②短期的，如洪水、旱涝、森林火灾、作物长势等，以日计；③中期的，如土地利用、作物估产等，一般以月或季度计；④长期的，如自然保护、海岸变迁、沙化与绿化等，以年计；⑤超长期的，如新构造运动、火山喷发等地质现象，可长达数 10 a 以上。在实际应用中，需根据研究对象采用不同的时间分辨率遥感数据。随着遥感动态监测时间分辨率的提高，遥感变化监测将突破对地物空间特征变化的研究而发展到对事物或现象演化过程的动态研究。目前中国发射的高分四号卫星时间分辨率可达 min 级，使获取目标区域的动态变化过程数据成为可能。

光谱分辨率（spectral resolution）是指传感器可以检测到的最小波段间隔，间隔越小、波段越多，光谱分辨率就越高。随着光谱分辨率的提高，地物的快速和精细识别越来越依赖高光谱信息，且由传统的图像分析转变为依赖高光谱信息对地物波谱进行定量分析和理解。目前高光谱遥感能够在可见光／近红外／短波红外波谱内（350-2 500 nm）获取数百幅电磁波段非常狭窄的遥感影像，因此，高光谱遥感影像能够提供每个像元的完整且连续的光谱曲线，是在二维遥感基础上增加光谱维的独特三维遥感。通过对地物光谱特征的分析，可快速准确区分地物种类，并对地表物质成分进行定量分析，从而识别出更丰富、更精细的信息。高光谱技术的最大特点和优势是可以获得和重建像元光谱，从而依据光谱特征直接识别地物类型、成分及组成，反演地物物理和化学参量。目前应用效果较好的有澳大利亚 HyMap、加拿大 CASI 等机载成像光谱仪，其光谱分辨率最高可达 5 nm。

辐射分辨率（radiometric resolution）是指遥感器对光谱信号强弱的敏感程度、区分辨别能力，是各波段传感器接收辐射数据的动态范围，即最暗至最亮灰度值之间的分级数目——量化比特数，一般用位深表示。按照编码方式的不同，一般将位深≥ 10 bit 的遥感影像定义为高辐射分辨率影像。高辐射分辨率遥感影像能更精细地获得各类地物细节结构和光谱信息，增强影像的解译能力和可靠性，提高遥感分析的准确度。

（一）高空间分辨率遥感数据

常用的高空间分辨率、高时间分辨率和高辐射分辨率遥感数据，其中高分二号（GF-2）和 WorldView-2 是目前应用较广的国内外高空间分辨率遥感数据的代表。高分二号是 2014 年 8 月 19 日在太原卫星发射中心，由长征四号运载火箭成功发射的我国自主研制的首颗空间分辨率优于 1 m 的民用光学遥感卫星，幅宽达到 45 km，在亚米级分辨率国际卫星中幅宽达到国际先进水平，具备快速机动侧摆能力和较高的定位精度。WorldView-2 是 2009 年 10 月 16 日由美国数字地球公司发射的，可提供 0.5 m 空间分辨率的全色影像和 8 波段多光谱影像，在矿产探测、海岸/海洋监测等方面拥有广阔的应用前景。目前空间分辨率最高的商业对地观测卫星是美国数字地球公司的 WorldView-4 卫星，其全色波段空间分辨率达到 0.3 m。

（二）高时间分辨率遥感数据

高时间分辨率传感器具备大区域、高频次的快速监测能力。其强实时性的特点使遥感科学者可以借鉴视频图像处理技术，精确提取目标变化信息，实现高频次遥感时间序列分析应用。在自然资源调查应用中，目前应用较多的，且时间分辨率最高的当属我国发射的能够对目标区域长期"凝视"的距离地面约 3.6 万 km 的地球同步卫星，即高分四号卫星。

（三）高光谱分辨率遥感数据

高光谱成像仪分为机载和星载高光谱仪。机载高光谱成像仪是高光谱遥感的起步，第一台机载成像仪是 20 世纪 80 年代美国研制的 AIS-1，其在矿物填图、植被生化特征信息提取等方面取得了应用。经过 20 世纪 90 年代的发展，在国际上陆续有机载高光谱成像光谱仪研制成功并获得广泛的应用。到 20 世纪 90 年代后期，高光谱遥感在解决了诸如高光谱成像信息的定标和定量问题、图像—光谱变换和光谱信息提取、光谱匹配和光谱识别等一系列基本问题后，逐渐转向于机载和星载高光谱遥感系统相结合的阶段。目前能够获取的民用星载高光谱数据不是很多，我国用得较多的有 Hyperion、CHRIS、环境一号 A（HJ-1A）及天宫一号数据等。需要指出的是我国 2018 年 5 月 9 日发射的世界首颗对大气和陆地综合观测的全谱段高光谱卫星——高分五号，其波段覆盖可见光——短波红外，光谱分辨率高达 0.5 nm，可实现对内陆水体、陆表生态环境、蚀变矿物和岩矿类别的高质量探测。

二、高分遥感数据在自然资源调查中的应用

高分遥感数据在自然资源调查中的应用不胜枚举，本节主要从土地利用调查、矿产资源开发与环境监测、基础地质与资源能源调查、生态环境调查以及地质灾害监测与应急调

查 5 个方面进行阐述。

（一）土地利用调查

利用遥感数据进行土地利用调查由来已久，随着遥感技术的发展，高分遥感数据在其中有着越来越重要的作用，并且已被证明是一种最直接有效的方法。该项工作主要以遥感技术为依托，将同一空间不同时相的土地利用数据进行叠加对比分析，以发现地球表面变化，从时间、空间、数量及质量方面分析土地利用动态变化特征和未来发展趋势。利用遥感技术主要开展土地利用现状调查、土地利用更新调查、土地利用动态遥感监测和土地质量调查等工作。

目前在土地利用调查方面，高空间、时间分辨率遥感数据应用较多，高光谱遥感数据次之。高空间分辨率遥感数据的利用大大提高了土地动态监测的准确度和精度；高时间分辨率遥感数据能够提高监测的时效性；高光谱遥感数据主要用于对土地质量信息的挖掘。

利用高空间分辨率遥感数据，采用像元间比较变化信息提取法、分类后比较法以及与新技术的集成法等方法，通过内业判读、外业核查获得土地利用变化信息，同时综合运用 GIS 和 GPS 数据，进行土地动态监测，建设基于"一张图"的土地动态监测系统，协同运用 3S 技术大幅度的提高了土地利用动态监测和执法监察的效率、精度和有效性。随着土地资源的高效管理对土地生态环境提出的更高要求，利用高光谱进行土地质量调查应运而生。这一技术利用高光谱数据精细的光谱信息挖掘土地质量指标和相关信息，开展土地质量指标（如土壤有机质、含水量等）的定量反演，为进行全国土地质量调查提供了数据支持。

（二）矿产资源开发与环境监测

矿产资源是重要的不可再生的自然资源，是社会发展的重要物质基础。但长期以来，我国矿产资源开发利用与管理相对粗放，在造成了资源严重的浪费的同时，还引发了一系列生态环境问题，制约了资源和生态环境的可持续发展。为快速准确获取客观基础数据，自 2006 年起，我国启动矿产资源开发遥感监测，维护矿产资源管理秩序，打击无证、越界采矿，保护依法、科学办矿，为矿政部门提供技术支持和决策依据，促进自然资源管理向规范化、现代化和信息化转变。

在矿产资源开发与矿山环境监测方面高空间、高时间、高光谱遥感数据均被广泛使用。高空间分辨率遥感数据可以大大提高矿产资源开发与环境监测的准确度和精度；高时间分辨率遥感数据主要用于提高监测的时效性；高光谱数据主要用于矿山环境监测。

杨金中等指出，采用高空间分辨率遥感数据可以准确快速地查明我国矿山地质环境现状，从而为矿山地质环境管理和矿山复绿行动效果评估等提供基础数据和技术支撑。国产高分一号及 GeoEye 遥感数据被用于开展稀土矿山土地荒漠化动态监测，结果认为国产高空间分辨率遥感数据能够为开展矿山动态监测提供数据保障。王燕波等采用 QuickBird 高分遥感数据开展了磷矿区的矿山监测，通过分析矿山开发的标志地物并建立解译标志，对解译结果进行的野外调查验证表明，高分辨率遥感影像能快速、准确地监测出矿山开发的基本情况，对提高矿政部门决策管理效率和矿山管理成本的降低起着重要的作用。

矿山环境监测中，采用高光谱遥感数据一方面可以快速地对矿山环境要素进行识别，包括次生矿物识别、重金属浓度反演、pH 值定量估算、污染植被信息提取以及矿山污染边界划分等；另一方面可以进行矿山环境变化的分析，包括矿山开发不同阶段的环境监测、氧化及脱水状态过程分析以及矿山整治恢复的监测等，进而对矿山环境污染治理提出合理化建议。

（三）基础地质与资源能源调查

基础地质与资源能源调查是高分遥感数据在自然资源调查领域中的重要应用，已取得了大量的成果。基础地质及资源能源调查中主要用到的是高空间分辨率、高光谱分辨率以及高辐射分辨率数据。

利用高空间、高辐射分辨率遥感数据中能快速有效地判定各类地质体界线、空间展布、相互关系等基础地质特征信息，并从中分析成矿地质背景、成矿地质条件和成矿地质形迹等与成矿作用有关的成矿/控矿信息。需要说明的是高光谱分辨率和高空间分辨率遥感数据对于矿化蚀变信息的提取和矿体识别有着特别重要的作用。

高光谱遥感数据在基础地质方面主要用于矿物识别和区域矿物填图，并在详细分析区域矿产地质背景的基础上开展找矿预测工作，该方法已被证实是行之有效的。其中矿物识别是高光谱地质应用的基础和核心，目前可以识别绿泥石、绿帘石、高铝白云母和低铝白云母等数十种矿物信息。另外，基于烃类微渗透原理，高光谱遥感数据在油气勘探中亦取得了较大的进展，证实了高光谱遥感数据应用于油气勘探的可行性和实用性。目前应用较成功的是 AVIRIS，HyMap 机载高光谱数据和 Hyperion 星载高光谱数据。

（四）生态环境调查

生态环境是人类生存和发展的基本条件，是社会经济发展的基础。随着人类社会的飞速发展，环境污染、植被退化和水土流失等生态问题不断出现，遥感与 GIS 技术越来越成为生态环境调查的重要手段。在生态环境调查中用到的高分遥感数据主要有高空间、高光谱以及高时间分辨率遥感数据。

利用高分遥感数据可开展大型水体环境、宏观生态环境、重大环境污染事故、核安全和生物多样性等生态环境遥感监测业务。腾明君等曾研究了三峡库区生态环境变化，其采用的高分数据主要有 2 类：①具有较高时间分辨率 MODIS 和 SPOT 数据，主要用于库区生态过程连续观测，为宏观生态结构、过程和连续监测评估提供数据支持；②较高空间分辨率的 Quick Bird 和 Geo Eye 等遥感数据，主要用于对小流域或县域尺度开展地物类型的精细解译。此外采用高分遥感数据进行生态环境定量遥感研究，获取生态环境遥感参量（如植被覆盖度反演、土壤侵蚀评估等），在生态环境调查中也发挥了重要的作用。

（五）地质灾害监测与应急调查

采用遥感技术进行地质灾害监测与应急调查可快速查明地质灾害数量及分布特征，为灾害监测治理提供依据，为防灾减灾快速应急响应工作提供技术服务；为灾后恢复重建及实施提出建议。

目前在该项工作中主要用到的是高空间、高时间及高光谱分辨率遥感数据。高空间分辨率遥感数据用于快速查清地质灾害的数量和空间分布特征；高时间分辨率遥感数据主要用于灾前和灾后变化信息检测，快速评估灾害损失，为灾后救援和重建提供依据；高光谱遥感数据常用来进行区域孕灾环境如植被类型、岩性等的识别。2008年汶川特大地震和2010年玉树大地震的抗震救灾过程中高分遥感都发挥了重要的信息源作用。

三、发展趋势

随着计算机技术、遥感技术以及人工智能的飞速发展，海量遥感数据将在自然资源调查应用中大有作为。但机遇与挑战并存，高分遥感数据怎样更全面精准地服务于自然资源调查将面临更大的挑战。另外，由于卫星遥感技术宏观、高效、不受国界限制，高分遥感技术也能为全球资源、能源、环境等工作提供信息服务，甚至在外星探索中也具有无法替代的优势。还需要指出的是，高分遥感数据之间不是孤立的，而是需要协同应用，才能促进高分遥感的发展。

（一）高空间分辨率遥感

随着我国高分辨率对地观测系统重大专项的部署和实施，高分遥感技术将得到有力的持续推进，也将进一步夯实高分遥感数据在自然资源调查中的应用。但目前高空间分辨率卫星谱段的设置主要为蓝光、绿光、红光以及近红外波段，缺少可用于地质矿产等调查的短波红外波段。因此，在提高遥感数据空间分辨率的同时，设计、发射和利用适合自然资源调查的多波段多光谱卫星非常重要。

（二）高时间分辨率遥感

随着遥感数据时间分辨率和空间分辨率的同步提升，遥感数据时空融合技术将大大发展，序列图像分析方法也将逐渐成为新的研究热点，为建立特定对象变化自动识别的模型提供基础资源，促进遥感技术人工智能的发展。

（三）高光谱分辨率遥感

目前高光谱数据处理及其在自然资源领域的应用方法日趋成熟，而数据获取难度和高成本是制约该技术广泛应用的主要瓶颈。从高光谱遥感技术的发展水平和应用现状来看，未来高光谱遥感一方面需要提高空间分辨率至m级水平；另一方面，在扩大遥感传感器的光谱覆盖范围的同时需要注意提高信噪比。随着高光谱遥感地质应用的不断扩展和日益深入，基于高光谱数据的矿物精细识别、地质环境信息反演以及行星地质探测方面也将大有潜力。

（四）高辐射分辨率遥感

目前高辐射分辨率遥感数据的应用较局限，大多集中在数据分析处理等研究层面，以提高影像数据信息保真度等目标为主。随着遥感技术的进步及实际应用需求的提升，高辐射分辨率遥感影像和其他高分遥感数据协同应用，将在识别目标地物细节信息、动态监测重要目标等方面具有极其重要的应用价值。

高分遥感数据包括"四高"，即高空间、高时间、高光谱及高辐射，在介绍各类高分遥感数据的基础上，本节综述了目前常用的高分遥感数据在土地利用调查、矿产资源开发与环境监测、基础地质与资源能源调查、生态环境调查以及地质灾害监测与应急调查中的应用。

1. 随着遥感数据获取技术的不断发展与提高，高分遥感数据在自然资源调查中将发挥越来越重要的作用；另一方面，随着卫星传感器的发展，遥感影像分辨率不断提高，卫星定位精度和测量功能也日益提高，可以为遥感提供及时、有效的数据信息。

2. 多源多尺度高分遥感信息的复合协同应用的日益广泛，3S技术一体化集成技术发展以及人工智能、大数据集成分析能力的提高，将加快高分卫星遥感技术在自然资源调查应用中的纵深发展。

第七节 土地资源调查与监测中测绘技术的运用研究

随着近几年我国经济的快速发展，逐渐也代领了市场上很大一批热潮，全国土地调查即将开始，主要的工作就是配合工作人员调研，地籍测绘，是土地调查与监测的重要的一个环节。测绘的成果对我国土地调查的准确性造成直接影响，现代测绘技术在定位方面便显出了强大的优势，不仅具有较高的灵活性、速度快、准确度高，而且还可以全天进行工作，操作起来也十分简便，覆盖面积广阔，现代测绘技术成为一种重要的获得空间数据的方式，因此被广泛地应用于土地资源的监测和调查中。

一、测绘技术的发展和应用

在数字地球与数字城市发展进程中，加快城市空间数据采集成为现阶段主要目标之一。遥感和数字摄影测量等的出现和应用，提供了重要手段。制图学也开始从地图绘制变成借助各种现代化技术的综合性工程科学。目前在世界范围内得到快速发展的三大领域分别为测绘、生物工程和纳米技术。伴随计算机与电子技术不断发展，将GPS等作为核心的测绘技术得到快速发展，可谓是一日千里。在科技发展进程中，测绘观念受到很大的冲击，传统的测绘方式已经无法满足人们的要求，逐渐被一系列新技术取代。现代测绘手段除了技术先进、成果丰富多样，在很多领域均有所应用，如果国土资源调查与监测、工业与农业生产、林业、水利工程、交通工程、电力供应等。为地球科学及空间技术，以及经济的发展和社会建设都提供了优质服务。

二、测绘技术的种类

（一）遥感（RS）技术

社会在朝着信息化的方向不断地发展，使得遥感技术的发展也有了质飞跃，并且被广泛地应用于土地调查，动态监测，土地更新等方面，而且表现出了巨大的优势作用。尽管数据的分辨率不一样，但是都可以被采用在对土地资源管理的调查工作中，并且发挥其重要作用。首先，利用遥感技术可以快速地识别土地的利用方式，而且准确程度高达百分之百。此外，利用遥感技术可能会干扰到人机交互式边界信息的提取，从而产生误差，但总体来说误差较小。最后，使用遥感技术，还能够按照土地资源的特征差异来进行工作，以遥感技术获得的影像地形图为工作基础，再加上对地理信息系统以及该地方的实际情况的调查研究，做出最为科学合理的评价和分析。

（二）全球定位系统（GPS）

信息化的快速发展带动了全球定位系统（GPS）的产生，GPS技术的出现使得测绘技术的准确程度有了很大提升，它可以快速地找到每个点的准确位置以及坐标。GPS这项新技术的应用不仅可以快捷地找到定位点，还可以根据定位点的精度进行详细的划分，在利用RTK技术来进行定位的时候，获得的定位点的坐标准确度为厘米，由于这一特性，RTK技术常常被应用于地形测图、地籍测量和界址点等工作中。

（三）地理信息系统（GIS）

科学技术的快速发展使得GIS技术有了很大的进步，20世纪能够得到快速的发展。1980年以来，利用多种尺度和类型的GIS平台来进行数据库的建立，并且表现出巨大的优势。经过长时间的研究努力，就如何更加有效地利用土地信息，通过对现有的土地信息的描述、分析、表达和输出来建立一个相关的信息数据库，这逐渐变成政府部门需要做的基本工作，当然，这对于建设土地资源基础数据库来说也变得尤为重要，土地利用数据库的建设朝着数据标准化、系统集成化、程序规范化、服务社会化、平台网络化等方向不断地进步和发展。

三、土地资源调查与监测中测绘技术中的应用

（一）做好充足的准备工作

对待土地资源的调查应该秉持着谨慎的态度，在工作开始之前要做好充足的技术准备，这样后续的工作进站才能顺利。除此之外，作为工作人员应该提前了解测图项目相应的距离，提前对现场环境有清楚的了解，并且需要用得到的资料应该提前准备好，例如交通图、航道图、行政区划图、航测像片、地形图等等，除此之外还需要具备不同比例尺大小的卫星遥感影像图，这样的话，工作人员就能够对该测量区内的位置点分布、环境情况等有一个基本的了解。

（二）做好地形控制测量

地形测量这是一项专业性很强的工作，首先第一步要做的就是先确定好工程流程以及范围，这样后续工作才能够顺利实施。对于平面首级控制测量来说其依据是国家的控制点的 GPS 网，在进行测量的过程中要建立测量标志，并且还要按照相关的标准对其进行维护，以便用来绘制 GPS 各点，在测量的过程中应该结合实际情况，而且对观测时间的选定也应该科学合理，做好必备的计算工作。第二步是对高程控制的测量，对高程控制网进行监测用到的监测方法为三角高程测量和水准测量，提前在电脑中输入限制观测的因素，利用电脑可以对其进行自动控制，这样的话，即使开展平差计算，也可以保障数据信息的准确性，并且精确程度符合相关标准。相关的工作人员可以利用 GPS 技术以及设备来合理地布置导线。第三步是对地形图进行测量，一般情况下，会按照实际情况来确定测量的区域及范围，而且由全站仪这样的设备来进行相关的数据信息记录。

综上所述，我国的经济在不断地发展，社会也在不断地进步，使得我国土地资源调查和监测水平也随之提高。与此同时，应该好好利用测绘技术，特别是科学合理地使用先进的测绘技术以及测绘设备，不断地为测绘的未来培养高素质的人才，这样才能促进土地资源调查监测技术的提高，使其更好地为社会的进步而服务。

第八节 无人机遥感技术在林业资源调查与监测中的应用

遥感是在计算机技术、数学方法和地球科学等基础上发展出的一种新兴、实用的科学探测手段。随着现代遥感的发展，遥感技术开始从光学遥感航空摄影到不同平台和传感器的卫星遥感，再到多平台、高空间和时间分辨率的高光谱遥感技术方向。高光谱遥感具有多波段、高光谱分辨率的特征，能够在可见光波段、近红外波段、远红外波段精确记录目标的光谱特征，反映植被的生长状况。凭借对目标覆盖范围广、信息量大、空间与时间分

辨率多的特点，遥感技术在我国资源调查、空间规划、灾害监测中得到逐步应用。然而，遥感影像获取成本高、重访周期性长、受天气影响大的特点，一定程度上也制约了遥感技术的应用，成为现代遥感发展的瓶颈。

无人机（Unmanned Aerial Vehicle，UAV）又称无人驾驶飞机，是一种以无人飞行器为遥感平台，搭载数字遥感设备、依靠自身动力航行，能够快速、精准、低成本获取目标遥感空间信息的技术。与传统航空遥感影像数据的获取方式不同，它基本不受光照、云层等天气因素的影响，能够高机动、高精度、大范围、长时间地对目标区域进行遥感监测，影像空间分辨率可达到厘米级，能有效的弥补传统遥感在时间分辨率与影像分辨率方面的不足。近年来，无人机凭借其低成本、可重复观测性、不受天气制约、灵活度高、分辨率高的特点，开始在林业调查工作中得到初步应用。

一、无人机发展概况

1917年3月，英国在全球范围内首次试飞了无人驾驶飞机。与此同时，美国也投入精力到无人机的研究中，研发出多型军事无人机，并且在第二次世界大战的作战中取得丰硕战果。随着现代遥感技术（RS）、地理信息系统（GIS）、全球定位系统（GPS）的日渐成熟，历经90年的发展，无人机不再作为单一的飞行平台和武器平台，而是可根据飞行任务要求，搭载相应的传感器模块，实现遥感信息采集、空间数据处理、位置定位的综合性数据处理与传输，性能得到极大的提升，应用范围也扩展至民用的农业、林业、灾害监测、地形测绘等多个领域。无人机遥感平台主要包含飞行器、荷载传感器与高分辨率CCD相机，通过"三合一"与"四合一"的综合信道体制实现目标影像信息的实时定位与控制传输，达到区域目标监测的目的。

（一）无人机飞行类型及载荷

由于无人机型号各异，种类繁多，一般可以从起飞重量，巡航时间，飞行动力、飞行方式以及用途进行区分：①根据重量，无人机可分为微型无人机、轻小型无人机、中型无人机、重型无人机和超重型无人机，微型无人机是指重量小于5 kg的无人机，国内无人机爱好者多采用此机型；5-50 kg无人机称为轻小型无人机；50-200 kg无人机称为中型无人机；200-2 000 kg无人机称为重型无人机；2 000 kg以上的称为超重型无人机。②根据续航能力，可分为近程无人机、中程无人机和远程无人机：续航能力小于5 h，飞行距离小于50 km的称为近程无人机；续航能力大于5 h且小于24 h，航程在50-1 500 km的称为中程无人机；续航时间大于24 h，航程大于1 500 km的称为远程无人机。民用无人机绝大部分均为近程无人机，军用无人机航程较远，主要为中程和远程无人机。③按照不同飞行动力，可以分为电池动力与燃油动力两种。电池动力无人机具备快速操作，灵巧机动的特点，飞行过程经济、环保。燃油动力无人机飞行器以油料为动力，动力强、滞空久，然而机体较大，机动性稍差。④按照飞行方式，可分为固定翼无人机和旋翼无人机。固定翼无人机通过人力启动、跑道滑行或固定弹射的方式起飞，飞行需要一定的场合。旋翼通过直升起降的方式飞行，对场地没有要求，机动灵活。⑤根据用途，可分为军用无人机和民用无人机。军用无人机航程远，能挂载各类作战武器，对目标实行精确打击，主要代表有美国的RQ-4全球鹰高空远程无人机、MQ-9"死神"（Reaper）无人机，我国的翔龙大型高空无人机、翼龙多用途无人机等。

在常用的飞机载荷上，主要搭载CCD与CMOS图像传感器、红外成像仪、高光谱成像仪、激光雷达等。美国Microsoft公司开发了超大影像幅的UltraCamXp WA广角大幅面数码航摄仪，最小曝光间隔1.35 s，19 600万像素（17 310×11 310像素），搭载在高可靠性飞行平台上，可取得极为丰富的目标影像信息。随着科技水平的迅猛发展，全球相关研究机构开发出许多数字化程度高、重量轻、体积小、监测精度高的新型传感器。小型多光谱、高光谱成像技术以及合成孔径雷达技术和LIDAR成像技术等传感器得到迅速发展。

（二）无人机重要特点

较卫星遥感监测和传统监测手段，无人机遥感有以下四个方面优势：

1. 应急飞行：在环境突发事件和重大污染案件中，不需要飞行员驾驶，无人机通过地面遥控便可以对目标高危区域展开航拍，实时监测灾害区域变化状况，及时反映污染区域扩散情况，采集空气质量样本，为人员抢救方案的制定提供重要参考。

2. 机动灵活：无人机重量相对较轻，不受飞行环境影响，对飞行场地要求低，飞行方式灵活，能快速响应航拍任务。大部分无人飞行任务航拍高度在1 000 m以下，一般不需特别申请空域，可以在全国不同地域开展监测活动。

3. 遥感影像清晰：无人机航拍工作飞行高度较低，遥感影像空间分辨率通常可以达到几厘米到十几厘米，较传统卫星遥感影像分辨率有很大提升。通过航拍影像可以直观分辨乔木、灌木、草地等地类，为林业资源监测提供准确依据。

4. 经济实用：较卫星、航空遥感平台，无人机的购买费用、飞行成本、维护成本相对较低，无人机爱好者、科研单位、管理部门均有能力开展无人机航拍工作。

（三）无人机主要产品

按照相关学者研究并制定的无人机遥感数据产品分级体系，大致分为以下几个类别：

1. 原始数据：是指直接从无人机搭载的传感器上获取，经过影像分景、分幅，而未进行辐射校正和几何校正处理的影像产品。通常不建议向用户提供这种数据。

2. 相对辐射校正产品：对航拍影像进行相对辐射校正后，图像质量得到有效改善，图像噪声能够有效去除，细节信息得以保留。

3. 绝对辐射校正及地表物理参量产品：由经过绝对辐射校正、能够真正定量化的遥感数据而生成的地表蒸散量、土壤含水量、地表反射率等数据产品。

4. 几何精校正产品：按照一定的地球投影，在传感器校正产品的基础上，以一定地面分辨率投影在地球椭圆球面上的几何产品。产品附带 RPC 模型参数文件并提供单片模式、立体模式和核线模式三种方式。

5. 正射校正产品：采用精确 DEM 数据和控制点数据做正射校正处理而产生的正射校正产品。在带有对应地理编码的同时，正射校正修正了因为地形起伏而带来的像点位移，因而不再提供 RPC 参数文件。

二、无人机在林业资源调查与监测中应用

森林是全球生态系统的重要组成部分，在大气环境、水资源涵养、碳循环等方面发挥着重要作用。我国山多林密、地形复杂，传统的林业调查、火情监测、病虫害防治多依靠工作人员实地勘察，工作强度大、危险性高。遥感技术凭借其覆盖范围广、获取信息量大的特点，在林业调查中得到应用。近年来，我国采用高分系列卫星、资源三号等卫星遥感影像，通过遥感影像自动提取技术和人工判读技术相结合，开展了林地资源调查、林地年度更新、林地征占用核查、林业病虫害监测、林业火灾监测等工作，并取得了一定成果。科研活动中，也有许多林业学者做了多项研究。李法玲等以 TM 遥感影像为基础，采用归一化差异植被指数 NDVI 的像元二分法实现了江西省九连山植被覆盖度的动态监测。马泽清等通过对 IKONOS 遥感影像的目视解译，结合林木各部位的生长模型，估算了千烟洲人工林的森林生物量以及碳储量，肯定了人工林在碳固定中的显著作用。

与传统林业遥感监测方法不同，无人机遥感监测具有影像易获取、影像空间和时间分辨率高、灵活度高、安全性好、易操控等特点。能够弥补传统林业遥感的影像获取高成本、低重复性、受天气影响大的问题，是对林业遥感技术的有效补充，在林业监测活动中有广阔应用前景。本节通过以下四个方面对无人机在林业中的应用进行总结，并对无人机遥感的实际应用进行展示。

（一）在调查规划中的应用

传统林业调查活动中，林地地类、树种、胸径、树高、蓄积的界定，营造林核查与林地征占用核查等都需要人作为调查主体，前往调查对象进行实地勘验。无人机通过搭载高清相机或者高光谱成像仪，可以灵活地提供目标区域高清、丰富的遥感影像信息，为林地资源调查提供丰富依据。L.O.Wallace 等采用微型无人飞行器，搭载了 4 层激光雷达平台和小型化定位传感器实现了森林变化的监测。史洁青等以无人机航拍影像为基础，融合地理信息系统，开发出一种全新的森林资源调查系统，能快捷、准确地提取航拍影像信息，实现林地调查的信息化。孙志超等采用搭载非测量相机的无人机对北京十三陵林场进行航拍，通过实测树高、面积等信息，拟合与校正了航拍与实测树木信息，实现了无人机对林木信息的准确测量。

此外，无人机可以辅助支撑林地年度变更工作，以林地资源"一张图"为基础，将当年的造林、采伐、征占用、自然灾害等林地经营活动信息及时准确地更新到"一张图"数

据库中，提高了林业数据的权威性与准确性，实现了林地数据的动态监管。

（二）在病虫害监测中的应用

林业病虫害是影响林木健康生长的重要因素。传统的林业病虫害监测与防治主要通过人员实地调查的方式，调查难度大、工作强度高、地形复杂等因素使得调查范围与精度受到影响。近年来随着高光谱遥感技术在林业病虫害监测中的应用，使得大范围监测植被病虫害成为现实。然而，高光谱技术受卫星平台的影响，运行周期较长，获取影像费用高，影响该技术的广泛推广与应用。

无人机通过搭载可见光相机或高光谱仪等设备，可以灵活地对目标区域内松线虫以及其他树种病害进行预警与监测。Garcia-Ruiz，F等采用搭载多波段成像传感器的低空多旋翼无人飞行器研究柑橘黄龙病，通过分析530-900 nm波段数据和七个植被指数数据，精确识别了树木黄龙病。张学敏等以无人机为飞行平台，搭载双光谱相机获取了松树的病虫害监测遥感影像，创新性的提出一种特征稀疏表示和加权小波支持向量描述的影像识别方法，有效辨识了松树的病虫害信息。此外，无人机也可以挂载农药喷雾器对树木进行灾害防治。

（三）在火灾监测中的应用

森林火灾突发性强、破坏力大，是一种防范与救援比较困难的自然灾害，与其他自然灾害相比，对森林的生长影响最严重。在林业火灾中，由于人为用火不慎引起的火灾占95%。林业火情监测是林业经营管理活动中非常重要的工作。救援人员能够准确、快速地到达现场，是扑灭火情的关键。传统森林火情监测主要通过人员巡护和卫星监测的方式。人工巡护受到降雨、云雾及地形的影响，导致巡查地域较小、巡护效率低。卫星遥感监测主要受到时间分辨率和遥感空间分辨率的影响。卫星过境时间比较固定，获取影像周期较长，对早期的小面积火情难以识别，对目标区域不能实现影像的实时获取，很难实现对目标区域的动态监测。

无人机凭借其机动、灵活、快速、准确的方式，可以对较大范围的人为用火区进行长时间监控，可及时发现并上报火情，利于扑火队伍和大型灭火直升机精准扑灭火情。林业防火无人机主要以飞行器为平台，搭载高清相机或者红外成像仪，对重点林火区进行动态监测。Hinkley，E.A等采用无人机系统作为传感器平台，实现了森林火情热图像信息数据的及时收集，为美国林务局和其他防火管理机构野火决策支持系统提供了重要依据。张庆杰等为克服传统火灾监测范围局限性和费用高昂的问题，采用六旋翼无人机拍摄了林区视频，以视觉显著性方法为突破口，结合候选林火区、特征融合与分类、阈值判断等流程判断分析林区火情，提取出火情位置、形状、面积、蔓延速度等关键信息，快速、高效地解决了林火监测问题。何诚等采用深圳大疆创新科技有限公司的搭载1 400万像素相机的电动四旋翼无人机采集实验图像，以搭载热红外成像系统的电动六旋翼无人机收集参考图像，拍摄南京森林警察学院内的实验样地，运用地面调查与交叉测量法对比评价了搭载普通相机的无人机的火情监测方法，为林业火情监测提供了新方式。

（四）在湿地调查中的应用

湿地作为地球生态系统的重要部分，对区域气候调节、水土保持、生物多样性保护等方面发挥着巨大贡献。丰富的湿地资源对栖身于都市的人们尤其重要。国内外学者采用无人机对湿地进行了研究。Zaman 等以 AggieAir™ 新型无人驾驶飞行器为平台，跟踪拍摄了犹他州北部一大片重要湿地入侵物种芦苇的传播，结合基于统计学习理论进展的分类算法，提出一种有效量化芦苇的传播方法，并评估了控制芦苇传播的有效性。李苇采用低空无人机技术获取了沈阳市蒲河城市湿地的遥感影像，通过地面调查与植被对比分析，展示了无人机遥感极高影像分辨率的优势，为城市湿地的景观规划提供了科学依据。周在明等采用无人机低空获取了福建省三沙湾地区滩涂地区互花米草的可见光和多光谱影像，以可见光影像为参考，采用 NDVI 指数为模型计算出多光谱影像的植被覆盖度，取得了良好效果。

近几年，江西省开始将无人机应用到林业调查、病虫害防治、火情监测与湿地保护等监测活动中。2016—2017 年，江西省在全省范围内开展了城区湿地调查工作，通过外业调查与无人机遥感技术相结合的方法采集信息，结合先进的地理信息系统技术，内业数据汇总处理，创新性地建设成全国首个城区湿地一张图。通过湿地一张图的建立，准确掌握各县城区湿地动态，为后续的湿地保护提供科学依据。2016 年 2 月，江西省鄱阳湖保护区都昌保护监测站与都昌候鸟保护区管理局联合省新闻媒体等首次采用四翼无人机在该县鄱阳湖朱袍山、三山的纵深水域内对鹤形目、雁鸭类等大型越冬候鸟种群进行航拍调查。此次共计监测到大型越冬水鸟种群三处，发现灰鹤 400 余只、小天鹅 1.5 万余只、豆雁 1.4 万余只。2017 年 4 月，省林业规划院在项目规划中，搭配使用旋翼无人机和固定翼无人机获取了于都县境内宁定高速道路两旁的林地高分辨率图片和林地小班坐标位置，为项目后期的林相改造提供了重要依据。2017 年 9 月，江西省武夷山国家级自然保护区首次运用无人机技术，协助野外科研调查。2016 年 8 月底，江西省修水县林业局利用无人机对余埠乡一颗受到锦斑蛾幼虫侵害的重阳木进行了高空喷雾防治。2017 年 8 月底，江西省九江市已经将无人机应用到庐山上空，进行消防巡航，实现了防火从人防到技防的转变。

三、发展方向与前景展望

随着现代林业逐步迈向信息化、自动化与智能化，传统的林业监测与调查手段耗时久、强度大、精度差的问题已经难以满足林业发展需求。航空遥感与航天遥感数据也由于时间分辨率低，难获取的特征影响林业监测，林业无人机遥感技术的出现和应用有效地解决了这些问题，但当前林业无人机应用还有许多不足并有待加强。

（一）丰富传感器类型

我国民用轻小型无人机常用荷载传感器类型主要有数码相机、视频摄像机、多光谱相机、红外辐射仪等，其中数码相机占全部传感器种类的 77%。在无人机用户中，研究机构和高校多采用多光谱相机、高光谱相机和红外辐射仪，而 85% 的用户仍采用光学数码相机作为传感器进行遥感拍摄活动。数码相机航拍影像变形大、精度差、效率低，会严重影响成图效果。因此，为解决无人机荷载传感器单一化的现状，应需要研究轻小型多视立体航摄仪、小型机载激光雷达、热红外成像仪等多传感器和集成飞行平台与飞控系统的技术，研发基于轻小型无人机的实景三维模型、机载合成孔径雷达影像图、热红外航空遥感影像图、高光谱航空遥感影像图等产品，扩展轻小型无人机的应用范围领域。

（二）完善影像标准化处理体系

无人机航拍系统主要由硬件系统和软件系统构成。硬件系统主要包含飞行平台、荷载传感器、飞行控制系统、地面监控系统、数据传输系统和地面保障系统共六个部分。软件系统主要包含航线设计软件、航拍影像快速检查软件和影像处理软件三部分。法国像素工厂系统（PixelFactory）、德国 Inpho 软件系统、中国测绘科学研究院 PixelGrid 软件系统和武汉大学 DPGrid 软件系统采用网络并行计算，在无人机影像预处理（内定向、畸变改正、建立影像金字塔）、自动空三测量、密集匹配同名点、影像匀光与匀色、影像镶嵌和正射纠正等环节均可采用并行计算的方式进行，可以极大节约人力和时间。在影像信息提取上，仍以常用的卫星遥感影像处理软件为主，如 ERDAS、ENVI、eCognition 等，并无较为成熟的无人机数据一体化处理系统。因此，目前亟须整合一套完整的无人机数据处理体系，包括影像定标、几何校正、数据拼接、特征增强和信息提取等，形成无人机影像的标准化处理体系。

（三）加强无人机影像时效性处理

目前民用轻小型无人机的续航能力大多在 2-3 h 之间，荷载重量在 5 kg 以内，搭载的传感器拍摄幅面小，这些因素已经成为制约无人机发展的重要瓶颈。无人机拍摄影像空间分辨率高、光谱特征多、影像的纹理特征丰富，在影像处理与分析中需要耗费较大的人力与时间。尤其在突发自然灾害的航拍工作中，急需对拍摄影像数据进行快速处理与分析，为决策者提供现实时参考依据，因而产品时效性亟须加强。

参考文献

[1] 曹明兰，张力小，王强，等.无人机遥感影像中行道树信息快速提取 [J].中南林业科技大学学报，2016，36（10）：89-93.

[2] 谢涛，刘锐，胡秋红，等.基于无人机遥感技术的环境监测研究进展 [J].环境科技，2013，26（4）：55-60，64.

[3] 林蔚红，孙雪钢，刘飞，等.我国农用航空植保发展现状和趋势 [J].农业装备技术，2014（1）：6-10，11.

[4] 吕立蕾.无人机航摄技术在大比例尺测图中的应用研究 [J].测绘与空间地理信息，2016，39（2）：116-118，122.

[5] 孙中宇，陈燕乔，杨龙，等.轻小型无人机低空遥感及其在生态学中的应用进展 [J].应用生态学报，2017，28（2）：528-536.

[6] 李德仁，李明.无人机遥感系统的研究进展与应用前景 [J].武汉大学学报（信息科学版），2014，39（5）：505-513，540.

[7] 张周威，余涛，孟庆岩，等.无人机遥感数据处理流程及产品分级体系研究 [J].武汉理工大学学报，2013，35（5）：140-145.

[8] 李法玲，刘琪璟，焦志敏，等.江西九连山保护区植被覆盖度遥感动态监测 [J].林业勘察设计，2015（1）：63-68，75.

[9] 马泽清，刘琪璟，徐雯佳，等.江西千烟洲人工林生态系统的碳蓄积特征 [J].林业科学，2007，43（11）：1-7.

[10] L O Wallace, A.Lucieer, C S Watson, et al.Assessing the feasibility of UAV-based lidar for high resolution forest change detection[C].//XXII ISPRS Congress 2012: Technical Commission VII: Melbourne（AU）.25 August-1 September，2012.2013：499-504.

[11] 史洁青，冯仲科，刘金成，等.基于无人机遥感影像的高精度森林资源调查系统设计与试验 [J].农业工程学报，2017，33（11）：82-90.

[12] 孙志超，杨雪清，李超，等.小型无人机非测量相机在林业调查中的应用研究 [J].林业资源管理，2017（2）：103-109.

[13] Garcia-Ruiz F, Sankaran S Maja J M, et al.Comparison of two aerial imaging platforms for identification of Huanglongbing-infected citrus trees.[J].Computers and Electronics in Agriculture，2013，91：106-115.

[14] 张学敏.基于支持向量数据描述的遥感图像病害松树识别研究[D].合肥：安徽大学，2014.

[15] 田晓瑞,代玄,王明玉,等.多气候情景下中国森林火灾风险评估[J].应用生态学报，2016，27（3）：769-776.

[16] 白雪峰,王立明.森林火灾扑救类型划分及其特点规律研究[J].林业科技，2008，33（5）：32-34.

[17] Hinkley，E A，Zajkowski T.USDA forest service-NASA：Unmanned aerial systems demonstrations-pushing the leading edge in fire mapping[J].Geocarto international，2011,26(2)：103-111.

[18] 张庆杰,郑二功,徐亮,等.森林防火无人机系统设计与林火识别算法研究[J].电子测量技术，2017，40（1）：145-150.

[19] 何诚,张明远,杨光,等.无人机搭载普通相机林火识别技术研究[J].林业机械与木工设备，2015（4）：27-30.

[20] 李杨,王冬,张战峰,等.西安市长安区湿地资源分布与特征分析[J].陕西林业科技，2016（5）：43-46.

[21] Zaman，B，J，Austin M，McKee，M，et al.Use of high-resolution multispectral imagery acquired with an autonomous unmanned aerial vehicle to quantify the spread of an invasive wetlands species[C].//2011 IEEE International Geoscience and Remote Sensing Symposium.[v.1].2011：803-806.

[22] 李苪,基于低空无人机遥感的城市湿地植被调查与景观化研究[D].沈阳：沈阳农业大学，2016.

[23] 周在明,杨燕明,陈本清,等.基于无人机遥感监测滩涂湿地入侵种互花米草植被覆盖度[J].应用生态学报，2016，27（12）：3920-3926.

[24] 江西省林业厅.省林业规划院成功将无人机航拍技术应用于项目外业调查[EB/OL]./http://www.jxly.gov.cn/id_402848b75b3c2aa3015b88873eee068b/news.shtml.

[25] 毕凯,李英成,丁晓波,等.轻小型无人机航摄技术现状及发展趋势[J].测绘通报，2015（3）：27-31，48.